KB215536

팔루다리움 시작하기

일러두기

1. 이 책에서 '실크이끼'로 지칭하는 종은 우리나라에서 흔히 '비단이끼'라고 이야기하는 '가는흰털이끼'가 아닌, '주식회사 히로세'에서 독자적으로 판매하는 교배종 이끼입니다.

2. 이 책에 나오는 도구는 일본 기준이며, 130-131페이지에 나오는 'SHOP GUIDE'는 현지 정보 그대로 실었습니다.

| 꿈꾸는 풍경을 만드는 팔루다리움 교과서 |

팔루다리움 시작하기

Let's make a paludarium

히로세 야스하루 · 히로세 요시타카 감수

히라노 다케시 사진 · 편집

김성현 옮김

시그마북스
Sigma Books

팔루다리움 시작하기

발행일 2025년 6월 20일 초판 1쇄 발행
감수자 히로세 야스하루, 히로세 요시타카
사진·편집 히라노 다케시
옮긴이 김성현
발행인 강학경
발행처 시그마북스
마케팅 정제용
에디터 최연정, 최윤정, 양수진
디자인 김문배, 강경희, 정민애

등록번호 제10-965호
주소 서울특별시 영등포구 양평로 22길 21 선유도코오롱디지털타워 A402호
전자우편 sigmabooks@spress.co.kr
홈페이지 http://www.sigmabooks.co.kr
전화 (02) 2062-5288~9
팩시밀리 (02) 323-4197
ISBN 979-11-6862-370-5 (13520)

制作
表紙・本文デザイン　　平野 威
写真撮影　　　　　　　平野 威
編集・執筆　　　　　　平野 威（平野編集制作事務所）
企画　　　　　　　　　鶴田賢二（クレインワイズ）

取材撮影協力
ヒロセペット谷津本店、ヒロセペット成田空港店、ピクタ、ゼロプランツ、杜若園芸、ヒーローズピッチャープランツ

使用画像　kbza、rawpixel.com（Freepik）

자연을 통해 아름다움을 느끼고
식물을 기르는 과정에서
즐거움을 얻는 팔루다리움

최근 실내에서 자연을 즐기는 새로운 방식으로
팔루다리움이 인기를 얻고 있다.
팔루다리움이란 유리 용기 속에 나만의 자연환경을 꾸미고,
마음에 드는 생물을 기르는 생태 환경을 말한다.
자신의 공간을 어떤 모습으로 꾸밀지
이 책에 등장하는 다양한 팔루다리움을 보며
당신이 꿈꾸는 풍경을 함께 그려보자.

팔루다리움을 만들 때 반드시 지켜야 할 규칙은 없다.
꿈꾸던 풍경을 원하는 대로 만들고, 그 과정을 통해 즐거움을 찾는다.
이렇게 자유로운 반면 아름답고 멋진 팔루다리움을 꾸미는 일은 생각처럼 쉽지 않다.
조화로운 레이아웃의 구성이나 생육 환경에 적합한 식물 선택 방법과 재배 방식 등
고려해야 하는 사항이 꽤 많기 때문이다.
이 책에 실린 작품과 설명을 참고하여 나만의 멋진 팔루다리움을 만들어 보자.

CONTENTS

CHAPTER

1

paludarium arrange

팔루다리움
만들기

일상생활에서 곁에 두고 즐기는 팔루다리움은 역시 애착이 가는 식물들로 채우고 싶다. 취향에 맞추어 꾸민 레이아웃 속에 좋아하는 식물이 자라는 모습을 바라보는 재미는 아주 특별하다. 이 책에 실린 다양한 작품들을 참고하여 어떤 팔루다리움을 만들지 자유롭게 상상해보자.

*paludarium
arrange* NO. 01

뚜껑 있는 작은 유리병을 활용한
내추럴한 레이아웃

Creator 히로세 요시타카

plants DATA
❶ 네프롤레피스 '마리사'
❷ 피커스 푸밀라 '케르시폴리아'
❸ 다발리아 페지엔시스
❹ 너구리꼬리이끼
❺ 흰털이끼
❻ 실크이끼

plants DATA
❶ 루디시아 sp. '리아우 수마트라'
❷ 피커스 푸밀라 '미니마'
❸ 마르크그라비아 움벨라타
❹ 실크이끼

손바닥만 한 유리병이라도 크기가 작은 식물과 소재를 사용하면 다양한 디자인의 팔루다리움을 만들 수 있다. 유리 뚜껑이 있어서 햇빛을 차단하지 않고, 용기 속 습도도 적절히 유지되어 이끼나 양치류를 비롯한 식물들이 큰 노력 없이도 잘 자란다.

상단 왼쪽 사진 작품에서는 바닥에 테라리움 소일을 깔고 케토흙(수변 식물이 분해되며 형성된 점착성이 있는 토양-옮긴이)으로 아치형 구조물을 만들었다. 잔가지가 뻗은 소형 가지 유목을 나무뿌리 형태로 배치해 정글 같은 분위기를 자아낸다. 이때 아치형 구조물의 그림자가 깊이를 더해준다.

드넓은 공간감을 살리기 위해 작고 섬세한 잎이 달린 식물만 사용하였다. 한편 상단 오른쪽 작품에서는 식물을 좀 더 단순하게 배치했다. 포기나누기한 루디시아를 중앙에 놓고 주변에는 덩굴 식물인 피커스 푸밀라 '미니마'와 마르크그라비아 움벨라타를 심었다. 정글 식물은 대부분 거대하게 자라지만, 새싹이 성장할 때까지는 작은 크기의 용기만으로도 충분하다. 분갈이 시기가 찾아오기 전까지 식물이 자라는 모습을 여유롭게 관찰하자. 바닥에 물이 고이지 않도록 주의하며 정기적으로 분무해준다.

가까이에서 들여다보면 작은
유리병 안에 담긴 팔루다리움
이라고 느껴지지 않을 정도로
입체감이 느껴진다. 음영을
살리는 것이 핵심이다.

독특한 잎 모양이 매력적인 루디시아의 새끼 촉을
기를 때도 팔루다리움을 활용하자. 식물을 키우는
재미가 더욱 커질 것이다.

작은 유리잔에 담긴
다양한 세계관

Creator   히로세 요시타카

유리로 된 작은 크기의 텀블러 와인잔을
활용하여 앙증맞은 팔루다리움을 만들었
다. 이렇게 일상에서 쉽게 접할 수 있는 재
료만으로도 멋진 팔루다리움을 만들 수 있
다. 왼쪽 페이지에 실린 작품에서는 먼저 테
라리움 소일을 바닥에 깔고 그 위에 광택이
도는 흑광석을 배치하였다. 깎아지른 듯한
절벽 형태를 만들기 위해 얇고 넓적한 돌을
포개어 붙였다. 돌로 만든 절벽 주변에는 잎

이 작은 식물을 심는다. 초소형 피규어까지 활용한다면 이야기가 더해진 넓은 세계가 탄생할 것이다.

또 다른 와인잔에는 아름다운 꽃이 피는 소형 세인트폴리아를 심었다. 세인트폴리아 원종의 자생지인 아프리카 산속 풍경이 떠오르도록 오렌지색 충석과 황호석을 이용하였다. 꽃 주변에는 실크이끼를 심어 자연 그대로의 모습을 표현한다. 아크릴로 된 둥근 뚜껑을 사용할 때는 습도가 지나치게 높아지지 않도록 주의하고, 한 달에 한 번 정도 관엽식물용 액체 비료를 주어 영양분을 충분히 공급해준다.

plants DATA
❶ 솔레이롤리아
❷ 다발리아 페지엔시스
❸ 흰털이끼
❹ 실크이끼

plants DATA
❺ 세인트폴리아 sp. '핫핑크 벨'
❻ 미크란테뭄 sp. '몬테카를로'
❼ 흰털이끼
❽ 실크이끼

*paludarium
arrange* **NO.** # 03

쉽게 만드는
공중 부양 이끼볼

Creator 히로세 야스하루

생기 가득한 녹색의 아름다움이 느껴지는 이끼볼을 만들어 보자. 잘 말린 대만풍나무(또는 미국풍나무) 열매에 실크이끼를 붙여서 이끼볼을 만들고, 테구스(천연견사에 아세트산을 더해 만든 투명한 실-옮긴이)로 연결해 유리병 안에 매달아 준다. 일주일에 한 번 분무기로 물을 뿌리면 이끼가 자라면서 열매를 고르게 덮어 깔끔한 녹색의 이끼볼이 완성된다. 양털이끼의 일종으로 보이는 실크이끼는 물을 좋아하고 어떤 환경에서든 잘 자라서 다양하게 활용할 수 있다.

plants DATA 실크이끼

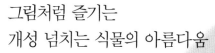
그림처럼 즐기는
개성 넘치는 식물의 아름다움

Creator 히로세 요시타카

Malý atlas liečivých rastlin

금색 테두리가 인상적인 앤티크 스타일 수조를 이용하여 크기가 서로 다른 두 개의 팔루다리움을 나란히 배치하였다. 크기가 작은 수조에는 독특한 그물 모양의 잎이 예쁘게 달린 보석란을, 큰 수조에는 핑크색 물방울무늬가 눈길을 끄는 베고니아를 메인으로 장식하였다.

이때 케토흙으로 수조 한쪽 끝에만 높은 산을 쌓는 것이 이번 작품의 포인트다. 두 개의 수조에 좌우로 각각 산을 만들어 주면 나란히 놓았을 때 통일감을 연출할 수 있다. 흙 위에 잔가지나 이끼, 작은 크기의 양치류를 심으면 메인 식물이 더욱 돋보인다. 식물이 웃자라면 가위로 길이를 다듬어 모양을 정리한다. 또 플라스틱으로 된 투명한 책받침이나 얇은 판을 잘라 뚜껑으로 활용하면 습도 조절이 훨씬 쉬워진다. 한 달에 한 번, 희석한 액체 비료를 뿌린다.

plants DATA
❶ 언엑토카일러스 록스버기 '홍시아'
❷ 베고니아 네그로센시스
❸ 피커스 sp. '마운트 베사르'
❹ 셀라기넬라 웅키나타
❺ 다발리아 페지엔시스
❻ 페페로미아 프로스트라타
❼ 피커스 푸밀라 '미니마'
❽ 털깃털이끼

케토흙을 이용하여 높은 지형을 쌓는다. 흙이 마르지 않도록 주의하여 관리한다.

이번 작품의 주인공인 베고니아 네그로센시스(왼쪽)와 언엑토카일러스 록스버기(오른쪽), 둘 다 팔루다리움을 만드는 사람들에게 인기 있는 품종이다.

plants DATA
❶ 크립탄서스 루비스타
❷ 피토니아 레드, 피토니아 그린
❸ 얼룩자주달개비
❹ 아델끈끈이주걱
❺ 다발리아 페지엔시스
❻ 흰털이끼
❼ 실크이끼

*paludarium
arrange* NO. 05

열정적인 붉은 잎 식물들로 꾸민
조화로운 풍경

Creator 히로세 야스하루

지름 17cm, 높이 20cm의 팔루다리움 전용 용기 '글라스 포트 시즈쿠'를 사용하여 아담한 크기의 팔루다리움을 꾸며 보았다. 잎 전체가 붉게 물드는 크립탄서스 루비스타를 중심으로 피토니아 레드, 아델끈끈이주걱, 얼룩자주달개비처럼 모두 붉은 잎이 달린 식물들만 골라 심었다. 크립탄서스 주위를 다채로운 붉은 잎 식물들로 장식했다.

이때 붉은 잎 사이를 채워주는 것이 바로

녹색 이끼다. 조형재로 뒤편을 높게 쌓아 올리고 가지 유목을 배치한 후 이끼와 양치식물을 심어 좀 더 자연 그대로의 느낌이 나도록 연출했다. 또 바닥에는 테라리움 소일을 깔고 앞쪽에는 장식용 색 모래를 사용하여 전체적으로 밝은 분위기를 살렸다.

다양한 식물이 앞으로 어떤 모습으로 자라날지 느긋하게 지켜보는 재미가 있는 작은 크기의 팔루다리움이다.

paludarium
arrange NO. # 06

이끼 낀 나무 그루터기 주변에 싹튼
다채로운 식물들

Creator   히로세 요시타카

plants DATA
❶ 비오피툼 덴드로이데스
❷ 셀라기넬라 웅키나타
❸ 네프롤레피스 '블루벨'
❹ 솔레이롤리아
❺ 털깃털이끼
❻ 실크이끼

이번 작품에는 뚜껑이 있는 유리 수조 '글라스테리어 핏 200 Low'를 사용하였다. 가로 20cm, 세로 10cm, 높이 10cm인 작은 크기의 수조지만, 팔루다리움을 즐기기에는 충분하다.

용토는 볼카미아(volcamia) 파우더 소일과 아쿠아스케이프 소일을 사용하여 투박하고 거친 땅의 느낌을 살렸다. 또 중형 가지 유목을 옆으로 뉘여 굵은 나무뿌리가 연상되도록 배치하고, 유목 앞뒤로 독특한 모양의 검은색 마금석(광물 성분이 섞인 돌-옮긴이)을 놓는다. 틈새에는 털깃털이끼와 실크이끼를 심어서 좀 더 자연미 넘치는 분위기로 연출하였다. 나무 새싹처럼 보이는 비오피툼 덴드로이데스를 심고, 다른 양치식물을 추가로 배치하여 마무리한다.

위에서 들여다보면 나무 그루터기가 연상되지만, 옆에서 바라볼 때는 돌 모양이 꼭 지층처럼 보여서 높고 낮은 땅이 광활하게 펼쳐진 대지가 떠오른다. 레이아웃 디자인은 보는 사람의 시각에 따라 다르게 느껴질 수 있기 때문에 다양한 방식으로 표현할 수 있다.

paludarium arrange **NO.** # 07

두 개의 수조로
높낮이 차가 있는 풍경 연출하기

Creator 히로세 야스하루

소형 유리 용기(글라스테리어 핏 100) 두 개를 나란히 놓아 함께 감상할 수 있는 팔루다리움이다. 레이아웃의 토대가 되는 유목은 뒷면을 평평하게 자르고 연결할 부분도 다시 자른다. 잘라놓은 유목은 실리콘을 이용하여 수조 뒷면에 고정한다. 유목 위에는 조형재를 바른 후 실크이끼를 식재한다. 그리고 피커스 푸밀라 '미니마'와 잎에 무늬가 있는 피커스 '라임그린'을 심는다. 오른쪽 아래쪽에는 잎이 조금 큰 오키나와산 애기모람을, 왼쪽 아래에는 피커스 sp. '마운트 베사르'를 배치했다. 네 가지 모두 무화과나무(피커스)속에 해당하는 식물들이다. 대부분의 덩굴 식물은 길게 자란 가지를 적당히 잘라 꺾꽂이하면 뿌리가 새로 자란다.

plants DATA
❶ 피커스 푸밀라 '미니마'
❷ 피커스 푸밀라 '라임그린'
❸ 애기모람(오키나와산)
❹ 피커스 sp. '마운트 베사르'
❺ 흰털이끼
❻ 실크이끼

무화과나무속에 해당하는 네 가지 식물을 모아 심었다. 잎의 크기나 색상, 형태에 따라 적절히 사용한다. 일반적으로 잎이 큰 식물을 앞쪽으로, 잎이 작은 식물을 뒤쪽에 심으면 원근감이 살아난다.

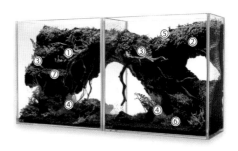

plants DATA
❶ 피커스 sp. '마운트 베사르'
❷ 페페로미아 sp. '이마지넬라'
❸ 다발리아 페지엔시스
❹ 너구리꼬리이끼
❺ 털깃털이끼
❻ 흰털이끼
❼ 실크이끼

paludarium arrange NO. **08**

이끼와 양치식물로 뒤덮인 아름다운 산비탈

Creator 히로세 요시타카

이번에는 산사태가 발생한 후 산비탈의 모습을 팔루다리움으로 만들어 보았다. 강한 비에 의해 비탈이 무너져 내렸지만, 나무뿌리가 지탱하는 부분은 여전히 남아있다. 시간이 흘러 황무지에 번식한 이끼와 양치식물이 싹을 틔우며 녹색으로 뒤덮여가는 모습을 표현하였다.

유리 용기는 20×10×20cm의 뚜껑 달린 수조(글라스테리어 핏 200)를 두 개 이어서 제작했다. 필요한 재료로는 테라리움 소일과 화산석, 소형 가지 유목, 그리고 케토흙이 있다. 뒤쪽 조형물은 모두 케토흙만 사용하여 만들었다.

중앙 공간은 과감하게 비워 두고, 가지 유목으로 나무뿌리 형태를 만드는 것이 포인트다. 그늘이 드리워지지 않는 곳에는 이끼를 깔고 곳곳에 양치식물이나 덩굴 식물을 심는다. 정글 속 동굴 입구에서 길을 잃고 헤매는 듯한 느낌이 들어서 보고 있어도 질리지 않는다. 조명을 비추고 3일에서 일주일에 한 번 분무기로 물을 준다.

paludarium
arrange NO. **09**

나무를 타고 오르는 덩굴 식물

Creator 히로세 야스하루

plants DATA
❶ 라피도포라 하이이
❷ 디키아 케스윅
❸ 뱀톱
❹ 프테리스
❺ 흰털이끼
❻ 실크이끼

팔루다리움은 주로 습한 곳에서 잘 자라는 식물을 이용하여 만들기 때문에 용기 뚜껑이 꼭 필요하다. 이번 작품은 폭 20cm의 유리 용기(글라스 아쿠아 티어)와 원하는 크기로 잘라 쓸 수 있는 전용 뚜껑(글라스 톱 라운드)을 사용하여 제작하였다. 얼핏 보기에는 나무가 뚜껑을 뚫고 튀어나온 것처럼 보이지만, 실은 반으로 자른 유목을 초소형 나사로 고정하여 뚜껑에 부착하였다.

유리 용기 속에 넣은 유목은 나무 밑동처럼 연출하기 위하여 중앙에 고정하고, 움푹 팬 곳에는 조형재를 넣었다. 그 위에 실크이끼를 붙이고 나무를 타고 오르는 클라이머 계열 식물인 라피도포라 하이이가 착생할 수 있도록 배치한다.

나무뿌리 부분은 화산석으로 장식하고 뱀톱과 프테리스를 심는다. 전용 뚜껑에 붙인 유목 위에는 뿌리를 수태로 감싼 디키아를 더하여 색다른 매력을 자아낸다.

전용 뚜껑에 고정해놓은 유목에 식물을 착생시킨다(위). 나무를 타고 위로 올라가는 모습을 표현한 라피도포라 하이이. 잎에 무늬가 있는 아름다운 품종이다(아래).

paludarium
arrange **NO.** # 10

테이블 위에 올려 두기 좋은
둥근 형태의 팔루다리움

Creator 히로세 요시타카

plants DATA
❶ 언엑토카일러스 록스버기
❷ 언엑토카일러스 sp.
❸ 호말로메나 '레드'
❹ 네프롤레피스 코르디폴리아
❺ 다발리아 페지엔시스
❻ 네프롤레피스 '블루벨'
❼ 피커스 푸밀라 '미니마'
❽ 흰털이끼

반짝이는 그물 무늬가 매력적인 보석란
은 팔루다리움에서 기르고 싶은 식물 중
하나이다.

둥근 앤티크 유리 용기를 사용하여 단순한 디자인으로 꾸몄다. 유리 용기의 지름은 28cm, 높이는 30cm이다. 바닥에 테라리움 소일을 깔고 중앙에 유목을 수직으로 세워서 배치한 후 주변에는 메인 식물인 언엑토카일러스 록스버기와 언엑토카일러스 sp. 같은 보석란을 호말로메나 '레드'와 함께 심었다. 그다음에는 흰털이끼를 깔고, 작은 양

치식물이나 덩굴 식물을 더하였다.

식물을 심을 때는 나무뿌리 역할을 하는 유목을 중심으로 사방을 향해 뻗어나가도록 심으면 좀 더 통일감을 느낄 수 있다. 또 곳곳에 소형 가지 유목을 올려놓으면 자연스러운 풍경을 연출할 수 있다. 360도, 어느 방향에서 바라보아도 아름다운 팔루다리움이 완성되었다.

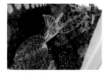

도시니아 마르모라타(위)와 마코데스 페톨라(아래). 습도가 높은 환경이 유지되는 팔루다리움에서 키우기 좋은 식물이다.

plants DATA
❶ 도시니아 마르모라타
❷ 마코데스 페톨라
❸ 말라식스 메탈리카
❹ 피커스 푸밀라 '미니마'
❺ 다발리아 페지엔시스
❻ 흰털이끼
❼ 실크이끼

paludarium arrange **NO. 11**

높낮이와 원근감을 살린 보석란의 언덕

Creator 히로세 야스하루

세로로 긴 유리 케이스(렙테리어 클리어네오 180/18×18×28cm)를 사용하여 팔루다리움을 꾸밀 때는, 높낮이 차를 어떻게 살릴지가 가장 중요한 포인트이다. 이번 작품에서는 화산석을 쌓아 실리콘으로 고정하여 만든 가파른 낭떠러지로 인하여 높낮이가 다른 지형이 가진 극적인 풍경을 느낄 수 있었다. 화산석 주변에는 조형재를 발라 이끼와 양치류 식물을 배치한다.

이번 팔루다리움에서 가장 중심적인 역할을 하는 것이 바로 보석란이다. 도시니아, 마코데스, 말라식스, 이렇게 세 가지 종류의 보석란을 각기 다른 높이와 위치에 심어서 전체적인 조화를 끌어낸다.

보석란이 자라면 꺾꽂이나 포기나누기 방식을 이용하여 개체 수를 늘릴 수 있다.

paludarium
arrange NO.

12

유리 케이스 안에서 틸란드시아를
키울 때는 물을 자주 주지 않아도
괜찮다.

팔루다리움에서 키우는
틸란드시아

Creator 히로세 요시타카

흙에 심지 않아도 잘 자라는 틸란드시아는
시중에서 흔히 접할 수 있어서 별다른 노력
없이 쉽게 기를 수 있을 것처럼 보인다. 하지
만 제대로 키우기 위해서는 철저한 관리가
필요하다. 틸란드시아는 물이 없어도 잘 자
라는 식물로 알려졌지만, 생각보다 물을 좋
아한다. 특히 생장기에는 자주 분무해줘야
한다. 그렇다고 지나치게 습하면 쉽게 시들
기 때문에 더욱 꼼꼼하게 관리해줘야 한다.
그러므로 과습을 막아주는 팔루다리움에
서는 좀 더 쉽게 키울 수 있다.

이번 작품은 둥근 유리 용기(글라스 아쿠아
스피어/지름 22cm, 높이 18.5cm)에 아쿠아스케
이프 소일을 깔고 오렌지색 층석과 가지 유
목으로 장식한 후 다양한 틸란드시아를 배
치하였다. 용토가 촉촉하게 젖어 있으면 습
도가 알맞게 유지되어 물을 자주 주지 않아
도 된다. 용기는 햇살이 잘 드는 창가에 두
거나, 전용 라이트를 켜둔 채 육성한다.

plants DATA
❶ 틸란드시아 가드네리
❷ 틸란드시아 푼키아나
❸ 틸란드시아 브락치카울로스
❹ 틸란드시아 멜라노크레이터
❺ 틸란드시아 안드레아나
❻ 틸란드시아 플라지오트로피카

plants DATA
❶ 알테란테라 베치키아나 레드
❷ 로탈라 히푸리스
❸ 에리오카우론 sp. '구치'
❹ 피커스 푸밀라 '미니마'
❺ 다발리아 페지엔시스
❻ 흰털이끼
❼ 실크이끼

paludarium
arrange NO.

13

작은 폭포와
주변의 자연 꾸미기

Creator 히로세 야스하루

수조 속에 폭포를 만드는 방식은 주로 아쿠
아테라리움에서 사용하는 기법이지만 식물
을 기르는 팔루다리움에서도 충분히 즐길
수 있다.

폭포가 있으면 지속적으로 물이 순환되기
때문에 일반적인 팔루다리움보다 습한 환경
에서 더 잘 자라는 식물을 중심으로 선택해
야 한다. 또 물이 쉽게 증발할 수 있으니 용
기가 너무 작거나 수위를 낮게 설정한 경우
에는 신경을 써서 물을 자주 보충해준다.

이번에는 테이블 위에 부담 없이 올려놓
을 수 있는 크기의 원기둥 모양 유리 용기
(글라스 아쿠아 실린더/지름 18cm, 높이 20cm)를
사용하였다. 뒤쪽에 소형 워터 펌프(피코로
카)를 설치하여 물을 순환시킨다. 바닥에는
흡착 효과가 뛰어난 아쿠아 소일(볼카미아D)
을 사용하고, 작은 화산석을 실리콘으로 붙
여 절벽을 만든다. 물이 흘러 떨어지는 곳
에는 작은 유목 파편을 이용하여 물의 흐름
을 조절한다. 또 화산석 위에는 길게 자른

물이 흘러내리는 공간을 계산하여 경관을 꾸민다.

식재포(활착군, 천 재질의 활착 소재)를 깔고 상단 끝을 물에 적셔 수분이 전체적으로 퍼지도록 한 후, 그 위에 실크이끼를 얹는다.

메인으로는 수초로 이용되는 알테란테라 베치키아나 레드의 수상잎(물속에서 크는 수초를 물 밖에서 키운 것-옮긴이)과 에리오카우론 sp. '구치', 로탈라 히푸리스 같은 식물을 심고, 주변에는 이끼와 양치식물을 더하여 자연미가 물씬 풍기는 풍경으로 꾸며 보았다.

화산석 위에 식재포인 활착군을 깔아 이끼가 자랄 수 있는 환경을 만들어 준다(위).
용기 뒤쪽으로 눈에 뜨이지 않도록 소형 워터 펌프를 설치하여 물을 순환시킨다(왼쪽). 수분 증발에 주의한다.

paludarium
arrange NO. 14

베고니아가 핀 골짜기 풍경

Creator 히로세 요시타카

다채로운 색상의 잎과 다양한 무늬가 매력적인 베고니아. 팔루다리움에서 자주 사용되는 베고니아는 대부분 덩이뿌리 계열의 식물로 열대 우림 속 햇빛이 잘 들지 않는 습지에 자생하는 원종을 바탕으로 다양한 품종이 개발되었다. 가로 40cm의 전용 케이스(렙테리어 클리어네오 400 슬림)을 이용한 이번 작품에서는 베고니아 네그로센시스, 베고니아 보웨라이 니그라마르가, 렉스베고니아 '비스타', 이렇게 세 가지 베고니아를 이용하였다.

레이아웃의 중심 포인트는 소일로 높게 쌓은 수조 양쪽의 언덕과 중앙의 공간이다. 중앙에는 화산석의 일종인 염련석을 배치하였다. 토대를 이루는 수조 양쪽 돌에 접착제로 붙여 중앙 아랫부분에 커다란 그림자가 지도록 연출한다. 베고니아는 잎을 펼치며 울창하게 자라겠지만, 이번 레이아웃처럼 중앙에 여유 공간이 있는 경우라면 지금의 분위기를 오랫동안 유지할 수 있을 것이다. 베고니아 외에도 작은 크기의 식물들을 함께 심어 볼거리가 풍성한 팔루다리움이 완성되었다.

plants DATA

❶ 렉스베고니아 '비스타'
❷ 베고니아 네그로센시스
❸ 베고니아 보웨라이 니그라마르가
❹ 펠리오니아 펄크라
❺ 바위취
❻ 셀라기넬라 웅키나타
❼ 다발리아 페지엔시스
❽ 네프롤레피스 코르디폴리아
❾ 피커스 푸밀라 '미니마'
❿ 네프롤레피스 '블루벨'
⓫ 솔레이롤리아
⓬ 실크이끼

메인으로 사용한 3종의 베고니아가 자라며 점점 무성해지는 모습도 즐길 수 있는 레이아웃으로 구성했다.

공중에 떠 있는 것처럼 보이는 중앙의 돌이 절묘한 음영을 만들어 내어 광활한 느낌을 주는 공간을 만든다.

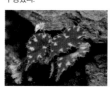

옆에서 볼 때   사선 위에서 내려다볼 때

구성에 따라 다양한 팔루다리움을 즐길 수 있다.

paludarium
arrange NO. **15**

열대식물로 가득한
신비로운 미궁의 세계

Creator   히로세 야스하루

어두운 정글을 헤매다 밀림 속에서 화려한
색채의 물고기가 헤엄치는 신비로운 광경을
목격한다. 문득 이런 이야기가 떠오를 만큼
임팩트 있는 작품이다. 이번에 소개하는 팔
루다리움은 앞뒤로 두 개의 수조를 나란히
설치하였는데, 앞쪽에는 뚜껑이 있는 슬림
형 수조(글라스테리어 핏 200H/20×10×28cm)를
사용하였다. 여러 개의 유목을 초소형 나사
로 연결하고 뒷면에 실리콘을 발라 붙인다.
배경으로 이어지는 자연미 넘치는 실루엣
이 아름답다.

바닥에는 테라리움 소일을 깔고 유목 표
면과 틈에는 조형재(조형군)를 발라 이끼와
양치류, 피커스 같은 식물을 심는다. 구피를
키우는 뒤쪽 수조에도 수초를 넣어 앞뒤 공
간이 이어지는 느낌을 준다.

plants DATA
❶ 피커스 푸밀라 '라임그린'
❷ 피커스 푸밀라 '미니마'
❸ 프테리스
❹ 다발리아 페지엔시스
❺ 흰털이끼
❻ 실크이끼
❼ 붕어마름
❽ 밀리오필룸 마토그로센세

plants DATA
❶ 브리세아 라파에리
❷ 루디시아 디스콜로르
❸ 피커스 푸밀라 sp.
❹ 피커스 푸밀라
❺ 피커스 푸밀라 '미니마'
❻ 크립탄서스 '레드스타'
❼ 프테리스 엔시포르미스 '에베르게미엔시스'
❽ 펠리오니아 리펜스
❾ 트라데스칸티아
❿ 다발리아 페지엔시스
⓫ 흰털이끼
⓬ 실크이끼

paludarium arrange NO. **16**

다채로운 식물로 꾸민
클래식 스타일의 팔루다리움

Creator 히로세 야스하루

가로 30cm, 세로 30cm, 높이 40cm의 수조를 사용하여 팔루다리움을 꾸며 보았다. 이 정도 크기의 수조라면 자유롭게 레이아웃을 꾸미고 다양한 식물을 키울 수 있다. 주요 식물로는 브리세아 라파에리, 서브로는 하얀 잎이 아름다운 피커스 푸밀라 sp.와 해마리아라고도 불리는 루디시아를 매치하였다. 그 밖에도 크기가 작은 크립탄서스와 클라이머 계열 덩굴 식물인 펠리오니아, 그리고 피커스, 다발리아와 같은 양치식물, 실크이끼와 같은 이끼류가 어우러져 다채로움을 더한다.

051

사선 방향에서 올려다보면 깊이감이 한층 더 잘 느껴지는 레이아웃이다.

이번 레이아웃에서 주인공 역할을 맡은 세 가지 식물. 피커스 푸밀라 sp(왼쪽), 브리세아 라파에리(왼쪽 아래), 루디시아 디스콜로르(아래)

수조 뒷면에서 바라본 모습. 식물 식재용 스펀지인 우에레루군을 사용하였다.

먼저 중앙에서 약간 오른쪽으로 치우친 위치에 골짜기를 만든다. 수조 뒤편에는 흡수성이 뛰어난 식물 식재용 스펀지(우에레루군)를 붙이고 테라리움 소일을 깐 후 벽면에 레이아웃용 조형재(조형군)를 밑에서 위 방향으로 붙인다. 이 작품처럼 좌우 옆면 모두 앞쪽을 향해 조형재를 붙이면 입체감이 느껴지는 풍경을 만들 수 있다.

가지 유목은 시작점인 왼쪽 위에서 오른쪽을 향해 나무뿌리가 퍼져나가는 형태로 장식한다. 나뭇가지의 각도와 두께에 다양한 변화를 주면 자연미 물씬 풍기는 분위기를 느낄 수 있다. 또 이끼는 전체적으로 깔지 않는 것이 좋다. 언젠가 시간이 흘러 이끼가 자라면 흙 표면 전체를 자연스럽게 뒤덮게 될 것이다.

작은 난초꽃이 활짝 핀 낙원

Creator 히로세 요시타카

디네마 폴리불본(왼쪽)과 덴드로븀 사쿠란(오른쪽)의 꽃. 소형 착생란은 종류가 다양하여 수집하는 재미가 있다.

오른쪽 위 케토흙을 붙인 부분에는 불보필룸 야포니쿰 외에도 페페로미아를 함께 심었다.

난초꽃이 특히 돋보이는 팔루다리움이다. 앞쪽과 뒤쪽의 구분이 명확해서 깊이감이 더 잘 전달된다. 수조 앞쪽에 핀 꽃의 이름은 덴드로븀 킹기아눔 실코키이다.

식물을 키울 때 가장 기쁜 순간은 바로 꽃이 필 때이다. 팔루다리움을 만들 때 사용하는 식물은 주로 잎의 색깔이나 모양에 중점을 두고 고르기 때문에 꽃이 피지 않는 종이 대부분이다. 하지만 소형 착생란은 크기가 작아 팔루다리움에서 키우기 적합하고 화사한 색감의 꽃이 주는 아름다움까지 즐길 수 있다.

렙테리어 클리어네오 250 High(25×25×40cm)를 사용하여 만든 이 작품은 나무줄기에 착생한 식물들이 서로 어우러지는 과정을 표현하였다. 자연 속에서 꽃을 피우며 다양한 종의 식물이 공생하는 모습을 볼 수 있다.

아쿠아플랜츠 소일을 조금 두껍게 깔아준 후 인도네시아산 유목을 왼쪽 위에서 오른쪽 아래 방향으로 과감하게 배치하였다. 화산석으로 지형의 높낮이에 변화를 준 후 이끼나 난초를 착생시킬 부분에 조형재(조형군)를 바른다. 또 깊이감을 살리기 위해 뒤쪽 상부에도 케토흙을 붙여 식물을 심는다.

식물은 꽃이 피는 소형 덴드로븀 2종과 디네마 폴리불본을 메인으로 선택하였다. 불보필룸 야포니쿰의 새끼 측을 앞쪽과 오른쪽 위쪽에도 심는다. 이 외에도 실크이끼를 곳곳에 심고, 소형 양치식물도 추가하였다. 또 가느다란 초소형 가지 유목을 뿌리처럼 뻗어나가는 형태로 배치하여 좀 더 내추럴한 풍경으로 완성한다.

물은 2~3일에 한 번만 주고, 이끼가 물기를 머금을 수 있도록 전체적으로 분무한다.

plants DATA
❶ 덴드로븀 킹기아눔 실코키
❷ 덴드로븀 사쿠란
❸ 디네마 폴리불본
❹ 불보필룸 야포니쿰
❺ 종려방동사니 '주뮬라'
❻ 페페로미아 프로스트라타
❼ 네프롤레피스 '블루벨'
❽ 다발리아 페지엔시스
❾ 실크이끼

paludarium arrange NO. **18**

절벽에 뿌리내린
강인한 나무의 생명력

Creator 히로세 야스하루

plants DATA
❶ 대만고무나무
❷ 애기모람
❸ 피커스 푸밀라 '미니마'
❹ 피커스 sp. '마운트 베사르'
❺ 다발리아 페지엔시스
❻ 흰털이끼
❼ 실크이끼

이번에 소개할 팔루다리움은 땅 위로 드러나는 독특한 뿌리를 가진 대만고무나무를 메인으로, 가로 30cm, 세로 23cm, 높이 60cm의 세로형 오리지날 케이스를 사용하였다. 이번 작품에서는 낭떠러지 절벽에 뿌리를 내리고 자라는 강인한 나무의 힘찬 생명력을 표현하였다.

　테라리움 식물 식재용 스펀지(우에레루군)와 조형재(조형군)를 사용하여 좌우에 험준한 절벽을 만들고 강한 빛을 좋아하는 대만고무나무를 상단에 심었다.

　레이아웃 포인트는 나무뿌리가 드러난 것처럼 연출한 가지 유목의 배치이다. 나무에서 긴 뿌리가 자라난 것처럼 아래쪽을 향해 길게 뻗어 있어 마치 살아있는 대만고무나무를 보는 듯하다. 제작 후 6개월이 지나면 실제 뿌리도 겉으로 드러나게 되어 더욱더 진짜 나무처럼 보일 것이다. 흙 표면은 대부분 실크이끼가 덮고 있다. 그 외에도 소형 덩굴 식물이나 양치식물을 함께 심었지만, 나무 중심의 팔루다리움이라는 주제에 맞게 심플하게 장식하는 것이 좋다.

지형을 만드는 재미와 함께 위아래 어느 방향에서 바라보아도 식물의 강한 생명력을 느낄 수 있는 팔루다리움이 완성되었다.

대만고무나무가 잘 자랄 수 있도록 뚜껑은 통기성이 좋은 그물망 형태의 아크릴 제품을 선택한다.

plants DATA
❶ 네오레겔리아 '파이어볼'
❷ 덴드로븀 킹기아눔 실코키
❸ 상록넉기줄고사리
❹ 스킨답서스 미니그린

paludarium
arrange NO.

19

마음대로 바꿔 심는
로테이션 팔루다리움

Creator 히로세 요시타카

식물을 유목에 착생시킨다. 뿌리는
모두 수태로 감싸 건조해지지 않도
록 신경 써서 관리한다.

가로 40cm의 팔루다리움 케이스에 네오레 겔리아와 덴드로븀을 함께 심어 심플하면 서도 화려한 인상을 준다. 다크혼 우드라고 불리는 유목을 사방으로 배치하고 그 중심 에 다양한 식물을 모아 심어 마치 꽃꽂이 작품처럼 보이도록 장식하였다. 방사형으로 뻗은 유목과 활짝 벌어진 잎 한가운데 물 을 저장하는 탱크 브로멜리아드 식물은 서 로 잘 어울리며 균형 잡힌 모습을 보여 준 다. 또 잎이 붉게 물드는 품종을 함께 심어 화려한 느낌이 들게 연출하였다.

우선 마음에 드는 형태의 유목을 고른다. 그리고 네오레겔리아를 비롯한 모든 식물 의 뿌리를 수태로 감싼 후, 검은색 고무줄 로 유목에 고정한다. 이렇게 하면 케이스 밖 으로 쉽게 꺼낼 수 있어서 관리하기 쉬우며, 식물 상태에 따라 다른 종으로 교체할 수 도 있다. 내 마음대로 식물을 바꾸어 심으 며 기분 전환을 할 수 있어서 식물을 키우 는 재미와 함께 보는 즐거움을 누릴 수 있 을 것이다.

paludarium
arrange NO. **20**

식충 식물이 사는
기묘하고 신비로운 세계

Creator 히로세 야스하루

이번에는 식충 식물을 테마로 하는 팔루다 리움을 만들어 보자. 식충 식물은 이름 그 대로 벌레를 잡아먹으며 양분을 흡수하는, 조금 특이한 방식으로 살아가는 식물이다. 기본적으로 영양분이 부족한 환경에 자생 하기 때문에 벌레를 잡아먹고 영양을 보충 한다. 종류가 아주 다양하고 벌레를 잡는 방식이 각양각색이며 생김새도 특이해서 예로부터 많은 사람들의 관심을 받았다.

벌레를 잡는 방식에 따라 다음과 같이 분 류한다. 네펜테스나 헬리암포라, 또 사라세 니아처럼 잎이 주머니 형태로 진화하여 주 머니 내부로 벌레를 떨어뜨리는 방식, 드로 세라나 핑구이쿨라처럼 잎 표면에서 점액 을 분비하여 벌레를 잡는 접착 방식, 파리 지옥이라고 불리는 디오네아처럼 잎의 좌 우 양쪽 면을 움직여서 순간적으로 벌레를 잡는 방식, 땅귀개라고 불리는 우트리쿨라 리아처럼 땅속에 있는 작은 벌레잡이주머 니를 이용하는 방식 등이 있다.

앞쪽 비탈에는 드로세라를 심었다. 짧은 잎이 달리고 둥근 모양을 한 좀끈끈이주걱과 긴 원통형 잎을 가진 케이프끈 끈이주걱의 개량종 '브로드리프'이다.

이번 작품의 주역인 헬리암포라. 남아메리카가 원산지로 원통 모양의 잎끝에 붙어 있는 넥타에서 달콤한 물질을 분 비하여 벌레를 유인한다. 겨울에도 10℃ 이상의 온도를 유지해줘야 한다.

이번 팔루다리움에는 다양한 종류의 식충 식물을 모아 심었다. 35×22×28cm의 유리 수조(리글라스 R350) 좌우 양쪽에 화산석과 조형재를 사용하여 크기가 서로 다른 언덕을 만들고 중앙에는 여러 개의 가지가 붙은 유목을 배치한다. 자연미를 살리는 풍경보다는 식충 식물의 독특한 생태에 어울리는 기묘하고 신비로운 세계관을 연출하였다.

비교적 습한 환경에서 잘 자라는 식충 식물을 팔루다리움에서 키울 때는 대형으로 자라지 않는 품종을 선택하는 것이 좋다. 다만 대부분의 식충 식물은 성장하는데 많은 빛이 필요하므로 다루기 쉬운 이끼나 양치류와는 또 다르다. 빛을 충분히 받을 수 있도록 조명등을 설치하고 다른 식물이 빛을 가리지 않도록 주의한다. 때로는 가지치기로 모양을 다듬어 주어야 한다. 벌레를 잡아 줄 필요는 없고, 한 달에 한 번 액체 비료를 주는 것으로 충분하다.

네펜테스의 개량종인 '미미(ventricosa×(maxima×talangensis))'는 비교적 작은 크기로 자란다. 붉은 무늬가 있는 벌레잡이주머니가 매력적이다.

파리지옥이라고도 불리는 디오네아는 대표적인 식충 식물이다. 1속 1종밖에 없는 식물이지만, 개량종이 소량 유통되고 있다.

땅귀개로 알려진 우트리쿨라리아(왼쪽)는 땅속에 있는 벌레잡이주머니를 이용하여 벌레를 잡는다. 그리고 벌레잡이제비꽃이라고 불리는 핑구이쿨라(오른쪽)는 접착 타입의 식충 식물이다. 둘 다 작고 앙증맞은 꽃이 사람들의 눈을 즐겁게 한다.

plants DATA

❶ 헬리암포라 헤테로독사 × 미노르
❷ 케이프끈끈이주걱 '브로드리프'
❸ 좀끈끈이주걱
❹ 아델끈끈이주걱
❺ 네펜테스 '미미'
❻ 우트리쿨라리아 와르부르기
❼ 디오네아 무스키풀라

❽ 핑구이쿨라 메두시나 ×
  핑구이쿨라 목테주마에(교배종)
❾ 핑구이쿨라 아그나타
❿ 벤자민고무나무 '시타시온'
⓫ 다발리아 페지엔시스
⓬ 흰털이끼
⓭ 실크이끼

마음이 편안해지는
녹색 플랜트 월

Creator 히로세 야스하루

대형 플랫 수조(90×22×45cm)로 표현한 벽
면 녹화의 세계.

양털이끼의 일종으로 알려진 실크이끼로
수조 한쪽 면을 가득 채웠다. 수조 뒷면에
는 식물 식재용 스펀지 우에레루군을 넣고
조형재로 전체를 덮어 준다. 제작 후 약 반
년이 지났으며 심플한 구성의 레이아웃이지
만 올록볼록한 요철로 음영이 더욱 강조되
어 자연의 아름다움을 깊이 느낄 수 있다.

plants DATA
실크이끼
다발리아 페지엔시스
프테리스
피커스 푸밀라 '미니마'

수변 식물을 활용한 팔루다리움

Creator 히로세 야스하루

투박한 질감의 풍경석을 이용한 레이아웃으로 물가 풍경을 떠올리며 만들었다. 왼쪽에 놓인 완만한 슬로프와는 대조적으로 오른쪽에는 강인해 보이는 바위가 가파른 경사를 이루며 솟아 있다. 이 작품은 45×21×26cm 크기의 수조를 사용하여 제작하였다.

이번에는 대부분 물가에서 자라는 식물들을 골라 심었다. 수변 식물 중에 하이그로필라와 로탈라, 쿠바펄, 그리고 에리오카우론 sp.처럼 주로 수초로 분류되는 식물들도 수상엽으로 심었다.

잎이 길쭉하고 가는 모양을 한 섬세한 식물을 사용하여 청량감이 느껴지는 아름다운 경관을 살린 팔루다리움이 완성되었다.

plants DATA
❶ 하이그로필라 피나티피다
❷ 쿠바펄
❸ 로탈라 로턴디폴리아 sp. '스파이키'
❹ 무늬석창포
❺ 로탈라 히푸리스

❻ 에리오카우론 sp.
❼ 우트리쿨라리아 와르부르기
❽ 흰털이끼
❾ 실크이끼

완만한 물가 언덕 위에는 로탈라 히푸리스 꽃이 피었다. 앞쪽에는 수상엽으로 키운 쿠바펄이 자란다.

물속에서 키웠을 때와 물 밖에서 자랐을 때 생김새가 달라지는 하이그로필라 피나티피다(왼쪽 위). 땅 위에서 꽃을 피운 로탈라 로턴디폴리아 sp. '스파이키'(오른쪽 위). 물가에 심은 에리오카우론 sp.(왼쪽 아래). 꽃을 피운 우트리쿨라리아 와르부르기(오른쪽 아래).

paludarium
arrange NO. **23**

깎아지른 절벽과
계류가 만들어 낸 절경

Creator 히로세 야스하루

수조 위에서 바라본 모습. 빛을 받으려 잎을
쭉 뻗은 식물 끝에 일렁이는 수면이 보인다.

plants DATA
❶ 아스파라거스
❷ 다발리아 페지엔시스
❸ 프테리스 엔시포르미스 '에베르게미엔시스'
❹ 애기모람(오키나와산)
❺ 실크이끼
❻ 헤테란테라

이번에 소개할 팔루다리움은 마치 깊은 산속 풍경을 바라보는 듯한 느낌이 드는 작품이다. 눈앞에 높은 절벽이 우뚝 솟아 있고 멀리서 물이 흘러내리는 절경을 맛볼 수 있다. 가로 30cm의 수조(리글라스 플랫 3050/30×30×50cm)라고는 생각되지 않을 정도로 깊이감이 느껴진다. 게다가 왼쪽 낭떠러지에서 물이 흘러 내리는 모습은 대자연 속 계곡을 연상시켜서 보고 있어도 싫증이 나지 않는다.

바닥에는 정화 능력이 뛰어난 볼카미아D를 깔고, 수중 펌프로 빨아드린 물을 이용하여 폭포를 만든다. 강화 발포 스티롤인 츠쿠레루군을 사용하여 레이아웃의 토대를

만들고, 폭포가 흘러내리는 부분과 앞쪽 눈에 띄이는 곳에만 유목을 고정한다. 자연스러운 풍경처럼 보이기 위해 츠쿠레루군으로 굴곡진 형태를 만들고, 그 위에 식재포인 활착군을 붙여 이끼나 그 밖의 다른 식물들을 심는다.

가능한 한 심플하게 식물들을 배치하고 나무가 있는 풍경을 연출하기 위해 관엽식물을 심었다. 아스파라거스나 양치식물의 잎은 시원한 정취를 더하여 준다.

물속은 수초인 헤테란테라로만 장식하였다. 물이 담겨 있어 관상어도 키울 수 있는데, 이런 레이아웃에는 화려하지 않은 색상의 소형 어종이 잘 어울린다.

paludarium
arrange NO. 24

울창한 밀림을 재현한
정글 팔루다리움

Creator 히로세 요시타카

plants DATA
❶ 네오레겔리아 '파이어볼'
❷ 크립탄서스 비비타투스
❸ 피커스 푸밀라 '미니마'
❹ 피커스 sp. '마운트 베사르'
❺ 피커스 sp. '구낭 베사르'
❻ 피토니아 '정글 프레임'
❼ 미크란테뭄 sp. '몬테카를로'
❽ 루디시아 디스콜로르
❾ 다발리아 페지엔시스
❿ 윌로모스(남미산)
⓫ 흰털이끼

이번 팔루다리움의 테마는 울창한 정글이다. 남미 대륙의 밀림을 연상시키는 녹색으로 우거진 세상을 세밀하게 표현하였다. 중앙 안쪽을 비워 두고, 유목을 가로질러 배치하면 원근감이 한층 살아난다. 게다가 곳곳에 남미산 윌로모스를 늘어뜨려 식물들이 빽빽하게 들어찬 정글의 모습을 실감 나게 연출하였다.

또 식재포인 활착군을 끈 모양으로 잘라 깔고 그 위에 남미산 윌로모스를 활착시키면 나무 덩굴이 늘어진 것처럼 보이는 효과를 줄 수 있다. 게다가 잔가지 형태의 소형 가지 유목을 여기저기 배치하면 살아있는 나무의 강인함과 흘러가는 시간, 그리고 울창한 정글 분위기를 느낄 수 있다.

식물은 네오레겔리아 '파이어볼'을 중심으로 덩굴 식물인 무화과나무속 식물들과 크립탄서스, 루디시아, 피토니아, 미크란테뭄 sp. '몬테카를로', 다발리아, 남미산 윌로모스, 흰털이끼를 비롯한 다양한 식물을 곳곳에 심었다. 매일 4~5회 물을 뿌려 주어야 하는데, 타이머가 달린 미스팅 펌프를 설치

수분을 듬뿍 흡수한 유목과 그 둘레를 감고 있는 남미산 윌로모스. 나무의 잔가지처럼 보이는 소형 가지 유목이 정글의 느낌을 물씬 풍긴다(오른쪽). 네오레겔리아와 루디시아 같은 식물들 속에 다른 색채를 띤 다트프록이 한층 눈길을 사로잡는다(아래).

하여 시간에 맞추어 자동 급수를 하면 편리하게 관리할 수 있다.

또 이 작품에서 팔루다리움에 색채를 더해주는 것이 바로 밀림의 보석이라고 불리는 독화살개구리, 다트프록이다. 그 가운데 덴드로바테스 아우라투스를 몇 마리 넣어서 사육하고 있다. 먹이로는 초파리가 적합하다. 다트프록은 쉽게 살이 빠지기 때문에 매일 먹이를 주어야 한다. 암수 쌍으로 키우면 번식도 가능하다.

독화살개구리 중에 유통량이 많아 비교적 저렴한 가격으로 구할 수 있는 덴드로바테스 아우라투스

CHAPTER

2

paludarium catalog

팔루다리움
식물 가이드

작은 크기로 성장하며 습도가 높은 환경에서 잘 자라는 식물이 팔루다리움에는 적합하다. 이끼나 양치식물 외에도 클라이머 계통 덩굴 식물과 베고니아과, 천남성과, 브로멜리아드과 식물처럼 다양한 품종이 여기에 해당한다. 이 중에서 마음에 드는 식물을 찾아 팔루다리움 레이아웃에 활용해보자.

유리 용기에서 키우기 쉬운
팔루다리움 식물도감

basic paludarium plants catalog

다채로운 식물 중에서 취향에 맞는 식물을 찾아 조화롭게 꾸며 보자

cooperation PICUTA

팔루다리움이란 유리 케이스나 수조를 이용하여 어느 정도 밀폐된 환경 속에 식물을 기르는 방식을 말한다. 이런 팔루다리움에서 키우기 좋은 식물을 고르려면 제일 먼저 어떤 사항을 고려해야 할까?

첫 번째는 식물 크기이다. 한정된 공간 속에서 여러 식물을 함께 키우려면 크기가 작은 식물을 선택해야 한다. 어린 싹이었을 때는 소형이지만 자라면서 크게 성장하는 식물은 맞지 않는다. 식재한 후 잎을 자주 잘라주면서 작은 크기를 유지하며 키울 수 있는 식물을 골라 심는 것이 좋다. 두 번째는 습도와 온도이다. 케이스를 이용하여 제작하는 팔루다리움은 높은 습도가 유지되기 때문에 물을 좋아하는 식물을 선택해야 한다. 반대로 건습이 반복되는 환경에서 잘 자라는 식물은 맞지 않는다. 또 팔루다리움은 온실과 같은 상태로 일 년 내내 살짝 높은 온도를 유지하기 때문에, 열대성 식물을 중심으로 선택하는 경우가 대부분이다. 시원한 곳이나 온도차가 있는 환경에서 잘 자라는 산야초나 고산 식물은 피하는 편이 좋다. 마지막으로 중요한 것이 바로 빛이다. 팔루다리움에는 되도록 빛을 많이 필요로 하지 않는 식물을 추천하고 싶다. 최근에는 LED 라이트의 성능이 좋아져서 재배할 수 있는 식물이 점차 증가하는 추세이다.

아글라오네마 픽텀
동남아시아가 원산지로 천남성과에 속하는 관엽식물이다. 잎 색깔과 모양에 따라 가격이 다르다. 세 가지 색이 어우러진 트라이컬러 타입이 가장 인기가 좋다.

아글라오네마 '스노우 화이트'
광택이 나는 녹색 바탕에 흰 무늬가 있는 잎이 아름다운 아글라오네마 개량종이다. 성장 속도가 더디고 음지에서도 광합성이 가능하여 그늘진 곳에서도 잘 자란다.

아글라오네마 '뷰티'
선명한 핑크색 무늬의 잎을 가진 아글라오네마의 원예 품종으로 직사광선에 약하기 때문에 팔루다리움에서 키우기에 적합하다.

에피스시아 '실버 더스트'
남아메리카에서 자생하는 에피스시아의 개량종으로 잎 모양이 특색있고 개체가 아담하게 자라서 팔루다리움에서 키우기에 적합하다.

에피스시아 '핑크 헤븐'
핑크색으로 물드는 잎을 가진 에피스시아로 팔루다리움에 다른 식물들과 함께 심었을 때 유달리 눈에 띄는 존재이다.

플렉트란투스 암보이니쿠스
쿠바 오레가노라고도 불린다. 꿀풀과에 속하는 다년초 식물로 잎에서 민트와 비슷한 상쾌한 향을 풍긴다.

필레아 글라우카
물을 좋아하고, 약한 빛에서도 잘 자라는 필레아과 식물로 잎의 크기가 작아 팔루다리움에서 키우기 좋다.

소네릴라 돈나타멘시스
갈색빛을 띠는 잎이 방사형으로 퍼져 자라는 산석류과 식물의 일종으로 사람들의 눈길을 끄는 독특한 잎맥 모양을 가진 둥근 잎이 특징이다.

휴케라 '파이어 치프'
소형 휴케라로 선명한 와인 레드빛 잎이 매력적이다.

호말로메나 '레드'
천남성과 식물로 새잎과 줄기가 적갈색에서 붉은색으로 물들어 가는 특징을 가지고 있다. 습도가 높은 환경에서 잘 자란다.

필란투스 '페어리'
작고 가는 잎이 아름답다. 뒷면은 붉은색이고, 겉면은 구릿빛으로 양면의 색이 다르다. 새싹은 선명한 붉은색을 띠며 작은 흰색 꽃이 핀다.

헤미그라피스 렙탄스
스트로빌란테스 렙탄스라고 불리는 다년초
식물로 일본에서는 류큐 제도의 미야코지
마 지역에 분포한다. 개체가 작고 줄기 마디
에서 새로운 뿌리를 내어 길게 뻗어 자란다.

무늬 작은잎물통이
쐐기풀과에 속하는 식물이다. 아주 작은 다
육질 잎에 있는 흰 반점 무늬가 특징이다.

페페로미아 카페라타
동종 페페로미아 중에 크기가 작게 자
라는 소형 품종으로 짙은 검붉은색 잎
이 매력적이다. 다른 식물들에서는 찾
아볼 수 없는 존재감이 느껴진다.

피토니아 '레드 타이거'
불타는 듯한 붉은색 잎 무
늬가 독특한 피토니아로
재배하기가 쉽다.

아프리칸바이올렛
탄자니아의 구릉 지대에 자생하는 세
인트폴리아 원종이다. 잎들이 밀집해
둥근 형태로 자라는 로제트형 원예 품
종의 교배친(품종 개량을 위해 교배에 이
용되는 식물-옮긴이)으로 알려져 있다.

클루시아 로세아
두툼하고 반짝이는 달걀 모양의 잎이
특징인 관엽식물로 개체가 너무 크게
자라지 않도록 성장 속도에 맞추어 다
듬는다.

페페로미아 프로스트라타
덩굴성 줄기에 둥글고 사랑스러운 잎이 달리는 페페로미아과 식물로 생명력이 강해서 팔루다리움의 소재로 많이 사용된다.

비오피툼 덴드로이데스
괭이밥과의 식물로 크기가 작다. 빛의 밝기에 따라 잎을 여닫는 독특한 특징이 있다.

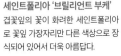

쿠바펄
수조 전경 장식에 자주 사용되는 현삼과 식물로 초소형 크기의 잎이 달린다. 작은 용기를 활용한 작품을 만들 때 사용하기 좋다.

메디닐라 sp.
붉은 줄기와 밝은 녹색 잎이 자라는 메디닐라속 식물로 추정되며 산석류과에 속한다.

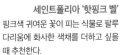

세인트폴리아 '브릴리언트 부케'
겹꽃잎의 꽃이 화려한 세인트폴리아로 꽃잎 가장자리만 다른 색상으로 장식되어 있어서 더욱 아름답다.

세인트폴리아 '핫핑크 벨'
핑크색 귀여운 꽃이 피는 식물로 팔루다리움에 화사한 색채를 더하고 싶을 때 추천한다.

애기모람
사계절 푸른 덩굴성 관목이다. 가장자리가 톱니처럼 생긴 작은 단풍잎 모양의 잎이 특색있다. 생명력이 강해서 키우기 쉽다.

필로덴드론 미칸스
중남미가 원산지이며 천남성과에 속한다. 필로덴드론에 해당하는 식물 중 잎의 크기가 비교적 작아서 팔루다리움에서 키우기에 가장 적당하다.

피커스 푸밀라 '미니마'
피커스 푸밀라의 소형 변종이다. 온대 지역에 넓게 분포하는 고무나무의 일종으로 그늘진 환경에서도 잘 자라서 재배하기 쉽다.

헤데라 헬릭스 '타이니 부시'
아이비라는 이름으로 불리는 헤데라의 개량종으로 가느다란 잎이 풍성하게 모여 자라는 부시형으로 생장한다.

스킨답서스 sp.
인도네시아산 덩굴 식물로 작은 크기의 잎에 요철이 있다. 환경에 상관없이 잘 자라서 번식력도 왕성하다.

피커스 푸밀라 sp.
사계절 잎이 푸른 덩굴성 식물이다. 일반적인 피커스 푸밀라보다 잎 크기가 크고 흰 반점의 면적이 넓은 희귀종이다.

애기모람 sp.(오키나와산)
뽕나무과 무화과나무속에 속하며, 일반종보다 잎이 커서 거친 느낌을 표현하고 싶을 때 사용하기 좋다. 유목이나 이끼 덮인 벽에도 쉽게 뿌리를 내린다.

디스키디아 sp.
동남아시아와 오스트레일리아에 분포하는 덩굴성 다년초이다. 반음지에서 재배하며 겨울에도 10℃ 이상의 기온을 유지해줘야 한다.

펠리오니아 리펜스
베트남이 원산지로 줄기가 땅을 기어서 자라는 포복성 다년초이다. 약간 도톰하고 튼튼한 잎이 무성하게 자란다. 성장하면 줄기를 잘라 심어 번식시킨다.

마르크그라비아
잎 크기가 작아 다루기가 쉬운 클라이머 계열 덩굴 식물이다. 육성 환경에 따라 잎 색깔이 달라진다.

펠리오니아 펄크라
줄기가 땅을 기며 자라는 포복성 식물로 쐐기풀과에 속한다. 건조한 환경에서도 비교적 잘 자라서 팔루다리움 벽면을 장식할 때 사용하면 좋다.

라피도포라 하이이
동남아시아의 열대 우림 지역에 자생하는 천남성과 식물로, 벽면을 타고 오르며 자라는 클라이머 계열 덩굴 식물 중에서 인기가 높다.

피커스 바치니오이데스
반덩굴성 특성을 가진 피커스과 식물로 덩굴 식물보다는 키가 작아 적당히 가지를 치며 퍼지기 때문에 팔루다리움의 부재료로 활용하기 좋다. 그늘에서도 잘 자라는 씩씩한 식물이다.

파이퍼 sp.
덩굴을 뻗으며 성장하는 파이퍼속 식물의 일종이다. 종류에 따라 잎에 색이나 무늬가 있는 것도 있다.

베고니아 보웨라이 니그라마르가
멕시코가 원산지인 원종 베고니아로
검은 호랑이 무늬를 닮은 잎이 특색있
다. 아담한 크기로 자란다.

베고니아 콰드리알라타
아프리카가 원산지이며 둥글
고 무늬 있는 잎이 매력적이
다. 줄기가 길게 자란다.

베고니아 미누티폴리아
작은 잎을 나란히 펼치며 자라는 베고
니아로 작은 나무를 표현할 때 사용하
기 좋다.

베고니아 '핑크 서프라이즈'
옅은 핑크색을 띠는 괴근성 베고니아
로 웃자란 가지들은 자주 손질하여 작
은 크기로 키운다.

베고니아 듀드롭
소형 베고니아의 변이주(변이를 일으키
는 개체-옮긴이)로 둥글고 작은 잎이 가
득 달린다. 잎 색깔은 생육 환경에 따
라 변한다.

베고니아 프리스마토카르파
선명한 노란색 꽃이 귀여운 극소형 원
종 베고니아다.

베고니아 클로로스틱타
보르네오섬이 원산지로 잎 모양이 화
려해서 사람들의 눈길을 사로잡는다.

베고니아 미크로스페르마
아프리카 카메룬이 원산지인 베고니아로 부드러운 질감과 밝은 녹색 빛을 띠는 잎이 아름답다.

베고니아 라자
말레이반도가 원산지인 베고니아 원예용으로 시중에서 쉽게 구할 수 있는 일반종이다.

베고니아 비핀나티피다
깊게 갈라져서 돋아나는 잎이 특징인 베고니아로 파푸아뉴기니가 원산지이다. 진한 갈색빛 잎과 붉은색 줄기의 색상 대비가 아름답다.

베고니아 암피옥서스
가늘고 긴 잎에 분홍색 점이 수놓아진 아름다운 원종 베고니아로 사람들에게 인기가 많다.

베고니아 네그로센시스
핑크 도트라고도 불리는 베고니아로 메탈릭 핑크 무늬가 인상적인 인기 품종이다.

베고니아 리케노라
작고 앙증맞은 잎이 사랑스러운 원종으로 포복성 식물이기 때문에 팔루다리움을 꾸밀 때 땅을 덮는 지피 식물로도 이용된다.

렉스베고니아 '비스타'
색의 농담이 다른 두 가지 붉은색 잎이 나는 품종이다. 비교적 큰 크기로 자라기 때문에 중형이나 대형 팔루다리움에 적합하다.

검정개관중
계곡 주변 바위벽이나 돌담에 자생하는
양치식물로 깃털 모양의 잎에는 짧은 잎
자루가 또렷하게 달려 있다.

더피고사리
잎 모양이 짧고 줄기가 가느
다란 소형 원예 품종이다. 환
경에 상관없이 잘 자라서 키
우기 쉬우며 밝은색 잎이 방
사형으로 퍼져 자란다.

텍타리아 젤라니카
습한 지면에 바싹 달라붙어서 자라는 소형
양치식물로 까다롭지 않아 키우기 쉽다.

프테리스
고온다습하고 직사광선이 닿지 않
는 곳을 좋아한다. 상태가 좋으면
새싹이 무성하게 돋아난다.

펠라에아 로툰디폴리아
둥근 잎이 교대로 나고 줄기는 덩굴처
럼 자란다. 빛이 강한 환경에서는 잘
자라지 못하기 때문에 팔루다리움에
서 키우기 좋다.

다발리아 페지엔시스
섬세한 잎을 가진 양치식물로 팔루다리움에서 키우
기 좋다. 북슬북슬한 털처럼 생긴 뿌리가 땅 위에 드
러나 있어서 '토끼발고사리'라는 이름으로도 불린다.

탐라진고사리 변종 '용의 뿔'
계곡처럼 습한 벽면 어두운 곳에 군생하는
탐라진고사리의 변이체로 불규칙한 톱니
모양을 한 잎이 특색있다.

용꼬리고사리
용 꼬리처럼 잎 안쪽이 톱니 모양을 하고 있다. 사방으로 퍼지며 자라는 소형 양치식물로 작은 크기의 팔루다리움을 만들 때 자주 이용된다.

미크로소룸 링귀포르메
어떤 환경에서나 잘 자라는 적응력이 좋은 양치식물이다. 포복성이어서 벽면에 심으면 벽을 타고 자라서 클라이머 계열 덩굴식물로 이용할 수 있다.

아스플레니움 니두스 '레슬리'
끝이 갈라져 있고 출렁이는 파도처럼 생긴 잎 모양이 독특하다. 비자르 플랜트(비대한 뿌리에 양양분을 저장해두는 괴근식물-옮긴이)로서도 인기가 있다.

아스플레니움 불비페룸
섬세한 잎이 인상적인 아스플레니움의 일종으로 '엄마고사리'라고도 불린다.

골고사리
온대 기후 지역에 넓게 분포하며 습기가 높은 낙엽수림이나 어두운 절벽 같은 곳에 자생한다.

사철고사리
잎의 형태는 가늘지만, 살짝 단단하고 광택이 있는 잎으로 성장하는 꼬리고사리속 식물이다.

헤미오니티스 아리폴리아
독특한 하트 모양의 잎을 가진 소형 양치식물이다. 건조한 환경에서는 잘 자라지 못하므로 습도가 높은 환경에서 재배한다.

불보필룸 야포니쿰
난초과 불보필룸속에 속
한다. 초여름에 붉고 작은
꽃이 피는 소형 착생란으
로 비교적 키우기 쉽다.

스테레오칠러스 어리네시어스
줄기가 짧고 두툼한 잎이 어긋나게 자라나는 소형 착생
란이다. 성장 속도는 느리지만 매년 초여름이 되면 수많
은 작은 꽃을 피운다.

디네마 폴리불본
포복성 식물로 소형 난초과에 속한다.
재배가 쉬운 서양란으로 널리 알려져
있으며 팔루다리움에 활용하기 좋다.

덴드로븀 킹기아눔
오스트레일리아가 원산지이며 덴드로
븀속에 해당하는 난초과 식물이다. 위
로 꼿꼿하게 솟은 줄기 위에 여러 개의
꽃이 핀다.

덴드로븀 사쿠란
소형 덴드로븀으로 밑으로 처지는 꽃
이삭에는 흰색 또는 옅은 복숭아색 꽃
들이 가득 맺힌다.

언엑토카일러스 '베티'
반짝이는 잎 때문에 보석란이란 이름으로 불리는 지생
란(땅에 뿌리를 내리고 자라는 난·옮긴이)의 일종이다. 달걀
모양의 잎에 섬세한 무늬가 새겨져 있다.

구디예라 히스피다
가늘고 긴 잎에 아름다운 무늬
가 새겨진 보석란이다.

도시노카일러스 '터틀 백'
벨벳 질감이 느껴지는 둥근 잎이 달
리고, 연한 복숭아색 잎맥에는 실버
펄이 은은하게 반짝인다.

자주사라세니아
소형 사라세니아로 가장 손쉽게 키울 수 있는 품종이다. 기본종은 잎이 붉은 자주색을 띠며 강한 빛이 내리쬐는 환경에서 키우면 좋다.

디오네아 무스키풀라 '레드 그린'
빨강과 초록의 색채가 선명하게 대조되는 디오네아 무스키풀라는 벌레를 잡는 포충엽이 크고, 가시도 길게 뻗어있어 존재감을 과시한다.

핑구이쿨라 아그나타 '트루 블루'
연보라색 꽃이 피는 벌레잡이제비꽃의 일종으로 더운 날씨에도 잘 자라는 강인한 품종이다.

헬리암포라 미노르
사라세니아과에 속하는 식충 식물로 남아메리카 기아나 고지의 습도 높은 지역에 자생한다. 겨울철에도 10℃ 이상의 온도가 유지되는 환경에서 키워야 한다.

케팔로투스 폴리쿨라리스
작은 주머니 모양의 포충엽이 지표 가까운 곳에 여러 개 달린 1속 1종의 식충 식물이다.

주걱끈끈이주걱
좀끈끈이주걱이라고 불리며 한국과 일본 등 동아시아 지역에 자생하는 품종이다. 끈적한 점액을 분비하는 잎이 빽빽하게 달리며 둥근 로제트형을 이룬다.

우트리쿨라리아 산데르소니(땅귀개 샌더소니)
우트리쿨라리아의 일종으로 토끼 얼굴처럼 생긴 꽃 모양이 특이하여 일본에서는 '토끼이끼'라고도 부른다. 원산지는 아프리카로 어떤 환경에서나 잘 자란다.

네오레겔리아 푼크타티시마

얇고 작은 탱크 브로멜리아드 식물로 자주색 반점이나 줄무늬가 새겨진 잎을 가지고 있다.

크립탄서스 '레드스타'

크기가 작아 다루기 쉬운 크립탄서스의 원예 품종이다. 붉게 물든 선명한 색상의 잎은 팔루다리움을 꾸밀 때 포인트로 사용하기 좋다.

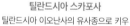

네오레겔리아 '파이어볼'

잎 길이가 10~15cm인 소형 품종으로 팔루다리움에 적합한 원예 품종이다. 빛을 받으면 잎이 붉게 물든다.

구즈마니아 '테레사'

소형 구즈마니아로 팔루다리움에서 키우기 좋다. 붉은 꽃이 핀다.

틸란드시아 이오난사

중앙아메리카가 원산지인 에어 플랜츠(흙 없이 잎을 통해 공기 중의 수분과 영양분을 흡수하는 식물-옮긴이)로 성장 속도가 빠르다. 어떤 환경에서나 잘 자라서 팔루다리움에서 키우기 좋다.

틸란드시아 스카포사

틸란드시아 이오난사의 유사종으로 키우기 쉽다. 기다란 관(管) 모양의 보라색 꽃이 핀다. 여름 고온에는 주의가 필요하다.

틸란드시아 푼키아나

틸란드시아를 대표하는 품종으로 은색 잎이 달리며 다른 틸란드시아보다 줄기가 긴 유경종이다. 베네수엘라 고유종이며 수많은 변종이 있다.

틸란드시아 글로보사

브라질이 원산지인 틸란드시아로 물을 좋아한다. 건조한 환경에서는 바로 생기를 잃고 시들어 버릴 수 있으니 주의한다.

구슬이끼
구슬처럼 둥근 홀씨주머니가 가득 달린 모습이 사랑스럽다. 햇빛이 드는 습한 곳에 자생하지만 건조하면 바로 잎이 쪼그라들며 수축한다.

흰털이끼
습도가 높은 곳을 좋아하지만, 건조한 환경에서도 잘 견딘다. 생명력이 강해서 관리하기 까다롭지 않다. '산이끼'라는 이름으로 이끼 정원이나 분재에서도 자주 사용된다. 흰털이끼 중에서는 가는흰털이끼와 작은흰털이끼가 많이 알려졌다.

봉황이끼
봉황 날개를 닮은 모습의 이끼로 해가 잘 들지 않은 습한 곳에 무리 지어 자란다. 고온에 약하며 물기를 머금으면 은은한 광택이 나서 아름답다.

너구리꼬리이끼
키가 큰 직립형 이끼로 일본에서는 '편백이끼'라고 불린다. 건조한 환경에서는 쉽게 시들어 버리니 밀폐 용기에서 재배하는 방식을 추천한다.

실크이끼
그늘진 습한 땅이나 바위 등에 매트 형태로 퍼져 자라는 이끼다. 양털이끼의 일종으로 알려졌고 '실크이끼'라는 이름으로 유통된다. 수분이 풍부한 환경에서 잘 자란다(이 책에 등장하는 실크이끼는 한국에서 흔히 비단이끼라고 이야기하는 가는흰털이끼가 아닌, 주식회사 히로세에서 독자적으로 판매하는 교배종 이끼이다-옮긴이).

프리미엄모스
수생 이끼의 일종으로 정식 명칭은 리카르디아 sp. '카메드리폴리아'이다. 시냇가 바위나 유목에 붙어 착생하며 물속이나 습도가 높은 환경에서 자란다.

팔루다리움에서 키우고 싶은
매력적인 식물들

attractive plants catalog for paludarium

ZERO PLANTS에서
특별 선정한 32종의 추천 식물

Photo & Text 오노 겐고

팔루다리움에서 키우기 좋으면서도 쉽게 찾아 볼 수 없는 색다른 매력의 정글 플랜츠를 선정 하였다. 신비로운 색채와 모양, 독특한 형태에 보는 사람은 매료될 것이다. 당신의 팔루다리 움에 특별한 식물을 하나 더해보면 어떨까?

01 베고니아 오셀라타 *Begonia ocellata*
핑크색 점 위에 뾰족한 가시가 솟아 있는 둥근 잎이 이색적 이고 아름답다. 수많은 베고니아 품종 가운데 쉽게 찾아보 기 힘든 희귀종이다.

02 베고니아 sp. '메탈릭 블루'
Begonia sp. "Metallic Blue"
메탈릭 컬러를 띠는 잎 색상과는 대조적으로 새잎과 줄기 는 선명한 붉은 색으로 빛난다. 두 가지 색의 대비가 아주 아름답다.

03 블레크넘 옵투사텀 var. 옵투사텀
Blechnum obtusatum var. *obtusatum*
누벨칼레도니섬에서 자라는 고유종으로 원시적인 풀 모양 이 인상적인 직립형 양치식물이다. 크기가 작은 편이라 다 루기 쉽다는 점도 인기 요인이다.

04 소네릴라 sp. '광시' *Sonerila* sp. "Guangxi"
원산지가 중국인 소네릴라로 반짝거리는 진한 녹색 잎 위 하얀
점과 핑크색 가시가 눈길을 끈다.

05 사르코피라미스 sp. '상가우'
Sarcopyramis sp. "Sanggau"
어두운 색상의 잎 위에 흩어져 있는 가느다란 메탈릭 핑크의
점무늬와 가시가 아름답다.

06 베고니아 sp. (고베니아 섹션)
Begonia sp. (Gobenia section)
남아메리카가 원산지인 덩굴성 원종 베고니아로 초소형 잎 곳
곳에 하얀 점이 찍혀 있어 귀여운 느낌을 준다.

07 베고니아 멜라노블라타 *Begonia melanobullata*
원종 베고니아로 잎 전체에 검은 뿔 장식이 가득 돋아 독특한
아름다움을 지녔다.

08 파이퍼 sp. '파푸아뉴기니'
Piper sp."Papua New Guinea"
진한 색감을 지닌 잎에 선명한 핑크색 점이 찍혀 있는 아름다
운 품종이다.

09 파이퍼 sp. '카랑글란, 누에바 에시하'
Piper sp. 'Carranglan, Nueva Ecija'
소형 파이퍼과 식물로 반짝이는 핑크색 잎이 돋보인다.

10 **스펙클리니아 드레스러리** *Specklinia dressleri*
초소형 착생란으로 독특하게 생긴 잎과 붉고 작은 꽃이 눈에 띈다.

11 **플라티스텔레 스코풀리페라** *Platystele scopulifera*
보라색과 노란색이 어우러진 반투명한 꽃잎이 사랑스러운 소형
착생란으로 시원하고 습한 환경에서 잘 자란다.

12 **르판데스 칼로딕션** *Lepanthes calodictyon*
원산지가 남아메리카인 소형 착생란으로 잎의 그물눈 무늬와 가
장자리를 둘러싼 프릴이 앙증맞다. 꽃이 피는 방식이 독특하며 서
늘하고 습기가 많은 환경에서 잘 자란다.

13 **르판데스 마타모로시** *Lepanthes matamorosii*
르판데스속에 해당하는 식물 중에서 꽃과 잎의 균형이 뛰어나 가
장 아름다운 품종으로 손꼽힌다. 시원하고 다습한 환경에서 잘 자
란다.

14 **스텔리스 마이스탁스** *Stelis mystax*
진한 색감을 지닌 잎에 선명한 핑크색 점이 찍혀 있는 아름다운
품종이다.

15 마코데스 산데리아나 *Macodes sanderiana*
금빛으로 빛나는 잎맥이 매력적이고 땅속에 뿌리를 내리며 자라는 지생란이다.

16 마코데스 페톨라 *Macodes petla*
주변에서 쉽게 찾아볼 수 없는 독특한 문양을 지닌 검은색 잎이 매우 돋보인다.

17 케팔로마네스 sp. '뜨랏, 타일랜드'
Cephalomanes sp."TRAT, Thailand"
강가에 자생하는 양치식물로 청량감 넘치는 얇고 반투명한 잎과 하늘로 뻗은 직립형 줄기의 모습이 아름답다.

18 셀리구에아 무루덴시스 *Selliguea murudensis*
말레이시아 고원 지대에 자생한다. 크기가 작고 잎 모양이 귀여운 셀리구에아로 서늘하고 다습한 환경에서 잘 자란다.

19 셀라기넬라 sp. '슬랑오르, 말레이시아'
Selaginella sp."Selangor, Malaysia"
금속성을 띤 푸른 빛 색상이 아름다운 셀라기넬라.

20 엘라포글로섬 펠타툼 *Elaphoglossum peltatum*
원산지가 남아메리카인 소형 착생 양치식물이다. 변칙적으로 자라는 잎은 독특한 개성을 지녔다.

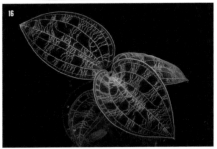

21 네펜테스 암풀라리아 *Nepenthes ampullaria*
크기가 작고 통통하며 동그란 벌레잡이주머니가 매력적인 식충
식물이다.

22 네펜테스 하마타 *Nepenthes hamata*
잎 가장자리를 둘러싼 검게 빛나는 이빨이 인상적인 식물로 사람
들의 시선을 끈다. 여름철 고온에 주의해야 한다.

23 마르크그라비아 sp. '엘 코카'
Marcgravia sp."El Coca"
매트하지만 벨벳 느낌을 주는 진한 녹색 잎이 이채를 띤다. 땅을
향해 잎을 늘어뜨리며 성장한다.

24 마르크그라비아 sp. '퍼플 드워프'
Marcgravia sp."Purple Dwarf"
크기가 작은 잎 가장자리에는 완만한 모양의 톱니무늬가, 표면에
는 독특한 돌기가 돋아 있다. 생육 환경에 따라 보라색을 띠며 나
뭇가지나 바위에 뿌리를 내리고 자라는 착생종이다.

25 테라토필럼 로툰디폴리아툼
Teratophyllum rotundifoliatum
반투명한 잎과 독특한 풀 생김새가 특징적인 클라이머 계열 덩굴
성 양치식물이다.

26 필레아 sp. '에콰도르' *Pilea sp.*"Ecuador"
덩굴성 필레아로 추정되며 잎 가장자리 뾰족한 톱니 모양이 특징
이다.

27 피커스 sp. '이리안 자야'

Ficus sp."Irian Jaya, Papua"
요철이 도드라지는 잎에 털이 나 있어 얼핏 독초처럼 보이는 모
습에서 야성미가 느껴진다. 소형 피커스과 식물에 속한다.

28 호말로메나 sp. '아체 수마트라'

Homalomena sp."Aceh Sumatra"
수마트라섬에서 자라는 호말로메나로 가느다란 잎 곳곳에 돋아
난 가시가 특색있다.

29 코도노보에아 cf. 푸밀라 *Codonoboea* cf. *pumila*
잎 둘레에 독성을 지닌 것으로 보이는 수많은 보라색 털이 돋아
있다. 작고 귀여운 다년초이다.

30 사우바게시아 sp. *Sauvagesia* sp.
진한 색으로 돋아나는 새싹이 아름답다. 크기는 작지만 꽃을 피우
고, 성장한 후에도 작고 아담하게 자란다.

31 엠블레만타 우르눌라타 '리아우, 수마트라'

Emblemantha urnulata "Riau, Sumatera"
독특한 잎 무늬가 사람들의 눈길을 끌어 인기가 높다. 앵초과의 1
속 1종 식물로 수마트라섬 고유종이다.

32 학명 미분류 Unknown from Borneo "Blue leaves"
푸른색을 띠는 매혹적인 잎이 인상적이다. 보르네오섬에 자생하
는 식물로 아직 학명은 확인되지 않았다.

CHAPTER

3

making process and maintenance

팔루다리움 제작과 관리

이번 장에서는 팔루다리움을 만들 때 필요한 아이템과 레이아웃 방법을 소개하려고 한다. 어떤 식물을 사용하여 어떻게 팔루다리움을 꾸밀지, 다양한 기초 지식과 아이디어를 통해 나만의 작은 정원을 완성해보자.

GOODS
팔루다리움 제작에 필요한 재료

item 01 용기

팔루다리움을 만들려면 식물을 넣을 용기가 필요하다. 투명하다면 어떤 모양이든 사용할 수 있지만, 어느 정도 밀폐가 가능한 방식의 용기가 가장 적합하다. 뚜껑이나 문이 달려 있으면 용기 속 습도를 유지할 수 있고, 습한 환경에서 잘 자라는 식물을 관리하기도 쉬워진다. 용기 크기는 각양각색이다. 본격적으로 팔루다리움을 즐기려면 뚜껑이 있는 수조나 전용 유리 케이스를 사용하는 것이 좋다. 다양한 식물을 기를 수 있고, 다채로운 레이아웃을 실현할 수 있다.

뚜껑이 달려 있어서 팔루다리움에도 사용할 수 있는 소형 수조들(글라스테리어 핏 시리즈/GEX)로 사이즈가 다양해서 원하는 크기를 고를 수 있다.

앞면과 윗면에 통기구가 있는 유리 케이지(렙테리어 클리어네오 시리즈/GEX). 식물을 재배하면서 소형 파충류와 양서류의 사육도 가능하다.

팔루다리움을 손쉽게 즐길 수 있는 유리 용기(글라스 아쿠아 시리즈/GEX)로 인테리어 소품으로 활용하기도 좋다. 디자인이 다양하여 마음에 드는 용기를 고를 수 있고 전용 뚜껑도 따로 살 수 있다.

파충류를 기르는 사람들에게 익숙한 유리 케이지(글라스 테라리움 3045/GEX)로 기능성이 뛰어나 팔루다리움 케이스로도 활용하기 좋다.

알맞은 통기성과 독자적인 배수 구조로 식물의 관리 육성이 손쉬워지는 팔루다리움 전용 유리 케이스(팔루다리움 케이지 프로 PCP 3045/Rain Forest/30×30×45cm). 상부에 설치된 지름 약 12mm의 구멍에는 미스팅 시스템을 설치할 수 있다.

아쿠아 소일

item 02 용토

팔루다리움 바닥에는 단단한 재질의 아쿠아 소일이 가장 적합하다. 영양분도 적절히 함유되어 있고, 불순물 흡착 효과도 있다. 용기 내의 배수성을 높이기 위해 경석이나 하이드로볼처럼 입자가 큰 소재를 용토 바닥에 깔기도 한다. 또 레이아웃을 꾸밀 때 편리하게 작업할 수 있도록 도와주는 것이 바로 조형재다. 조형재는 원하는 형태를 자유롭게 만들 수 있는 용토로 식물도 육성할 수 있다. 바닥 지형에 높낮이 변화를 주거나 용기 뒷면과 옆면에 붙여 사용할 수 있다. 그 밖에도 레이아웃에 변화를 주기 위해 장식용 색 모래를 사용하기도 한다.

아쿠아 소일 파우더 타입

색 모래, 자갈

수태

조형재

소형 어레인지용으로 판매되는 소일(테라리움 소일/HIROSE)로 노멀과 파우더 타입이 있다.

흡착 효과가 높고 물 정화 능력이 뛰어난 소일(볼카미아 시리즈/HIROSE)이다. 팔루다리움 전반에 기본 용토로 사용할 수 있다.

모래의 여과 효과로 이끼 발생을 억제하는 소일(퓨어 소일/GEX). 검정과 갈색, 두 가지 종류가 있다.

자유롭게 형태를 만들 수 있고, 팔루다리움 뒷면과 옆면 등 원하는 곳에 붙여서 사용할 수 있는 조형재(조형군/PICUTA). 이끼를 비롯한 다양한 식물을 심을 수 있다.

GOODS

item 03 소재

팔루다리움을 만들 때는 유목이나 돌과 같은
천연 소재 재료를 함께 사용하면 더욱 좋다.
특히 자연 친화적인 작품을 만들 때 꼭 필요
한 존재이다. 유목이나 돌의 종류도 갖가지라
색상이나 형태, 질감, 크기에 차이가 있으니
원하는 레이아웃에 맞추어 선택한다. 또 팔루
다리움 전용 인공 소재들도 다양하게 판매되
고 있다. 제작의 폭을 넓혀 주는 공작용 패널
이나 흡수성이 뛰어나 식물을 심을 수 있는
여러 종류의 스펀지, 그리고 마이크로화이바
로 된 식재포는 사용 방식에 따라 아름다운
레이아웃을 꾸미고 식물을 오랫동안 육성하
는 데 도움을 준다.

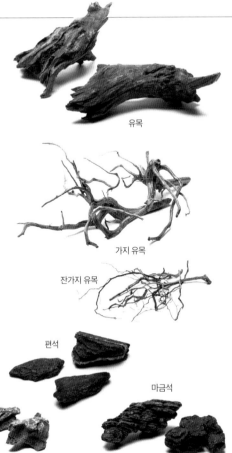

유목

가지 유목

잔가지 유목

편석

마금석

화산석

풍경석

황호석

식물을 고정하는 용도로 사용하는 식재용
스펀지(우에레루군/PICUTA)로 물 공급 능력
이 뛰어나다. 전체적으로 물을 골고루 공
급하여 식물의 물 부족 현상을 방지한다.

마이크로파이버의 특수 구조에 의해 물 보
존 능력이 뛰어난 식재포(활착군/PICUTA).
식물이 뿌리를 내리는 데 도움을 주고 필
요에 따라 물의 이동을 유도한다.

강화 발포 스티롤로 된 공작용 패널(츠
쿠레루군/PICUTA)을 이용하면 식물 부착
용 토대나 땅, 펌프 커버, 생물의 은신
처를 쉽게 만들 수 있다.

item 04 조명

빛은 식물의 성장에 꼭 필요한 요소이다. 식물은 광합성을 통해 필요한 에너지를 얻기 때문이다. 빛이 부족한 실내에 설치한 팔루다리움은 대부분 조명이 있어야 한다. 강한 빛에 약한 이끼나 양치식물도 빛이 없는 곳에서는 잘 자라지 못한다. 햇빛 대신 식물 생장용 LED 라이트를 이용하면 이 문제를 해결할 수 있다. 다양한 종류의 제품이 시중에 판매되고 있으니 용기 크기에 맞추어 선택한다. 조명의 점등 시간은 대략 하루 10시간 정도가 적당하다. 타이머를 설치하면 규칙적인 환경을 유지할 수 있다.

소형에서 중형 크기의 용기에 잘 맞는 식물 생장용 LED 라이트(피테라, 리프 글로우/GEX). 자유롭게 움직이는 플렉시블 암을 사용하여 길이 조절, 각도 조절이 가능하고 어떤 용기든 최적의 거리, 각도에서 조명을 비출 수 있다. 자연광에 가까운 빛이 식물의 색상을 더욱 선명하게 표현해 준다.

태양 빛에 근접한 연색 지수 Ra90의 빛을 내는 식물 생장용 소형 LED 라이트(소다츠라이트/GENTOS)로 밝기를 3단계로 조절할 수 있으며 높이 30cm까지의 용기에 적합하다.

소형 팔루다리움에 설치하기 좋은 스탠드 타입 LED 라이트(코모레비/SUISAKU)는 식물 육성에 효과적이며 밝은 빛을 내는 6,500K의 고휘도 LED 칩을 사용하였다. 높이를 조절할 수 있는 슬라이드 기능이 탑재되어 있어 편리하다.

중형에서 대형 크기의 팔루다리움에는 수초 생장에 도움을 주는 아쿠아리움용 LED 라이트를 사용하는 것이 좋다. 사진 속 제품은 아쿠아리스타 클리어 LED 시리즈(GEX)로 수조나 케이스 크기에 맞추어 선택한다.

용기 내부의 습도를 조절해 주는 팬이 부착된 LED 라이트(에어&라이트/vasee)이다. 습도와 광량, 조명 점등 시간을 설정할 수 있는 성능 좋은 제품이다.

미스팅 시스템, 기타

item 05

식물을 재배할 때 가장 주된 일은 바로 물 주기이다. 식물이 마르지 않고 적절한 습도를 유지하려면 밀폐된 환경이라도 1~2일에 1회 이상 물을 충분히 뿌려야 한다. 이럴 때 크게 도움을 주는 것이 바로 미스팅 시스템이다. 미스팅 시스템은 자동으로 안개를 발생시켜 분무해주는 장치로 하루에 필요한 분무 횟수와 물의 양을 설정할 수 있으며 물탱크에서 펌프나 컴프레서로 물을 끌어 올려 안개를 발생시킨다. 그 외에도 팔루다리움에서 쉽게 사용할 수 있는 소형 워터 펌프나 통기성을 높여 주는 팬도 시중에서 구할 수 있다.

고압력 펌프와 미스트 노즐, 튜브, 디지털 타이머가 세트로 구성된 미스팅 시스템(포레스터/ZERO PLANTS). 타이머를 이용해 초 단위로 설정할 수 있는 고성능 제품이다.

탱크 일체형 미스팅 시스템(몬순 솔로/GEX)으로 본체 외에도 내압 튜브, 노즐, 교체용 노즐, 누수 방지 커넥터가 세트에 포함되어 있다. 튜브를 연결한 후 버튼만 누르면 작동하는 간단한 설계로 사용 환경에 따라 미스트 분사 주기와 시간을 설정할 수 있다.

사용하기 편리한 소형 팬(테라 벤틸레이터/GEX). 통기구 위에 올려놓으면 공기의 순환과 환기에 도움을 준다.

초소형 여과 필터(피코로카/GEX)로 소형 수조의 필터나 아쿠아테라리움의 워터 펌프로 이용할 수 있다.

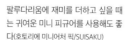

팔루다리움에 재미를 더하고 싶을 때는 귀여운 미니 피규어를 사용해도 좋다(호토리에 미니어처 픽/SUISAKU)

item 06 작업 도구

팔루다리움을 만들거나 식물을 관리할 때 필요한 도구도 가지각색이다. 식물의 잎과 뿌리를 자를 때 쓰는 가위와 식물을 심거나 이끼를 배치할 때 사용하는 핀셋은 아쿠아리움의 수초 관리용 제품을 고르면 쉽고 편리하게 쓸 수 있다. 그 외에도 용토를 넣을 때 사용하는 원형 모종삽이나 여분의 물을 빨아들이기 위한 스포이트, 분무기와 물뿌리개도 준비한다. 또 팔루다리움을 만들 때는 실리콘이나 접착제 같은 아이템을 사용하기도 한다.

아쿠아 테라 리퀴드(GEX)는 천연 유래 성분의 살균 효과로 유목에 발생하는 곰팡이를 억제한다. 습도가 높은 환경에서는 자주 뿌릴수록 더 효과적이다.

자석 타입 클리너인 매그 핏 플로트(GEX)는 소형 용기 내부의 오염을 깔끔하게 청소해주는 편리한 아이템이다.

박터 DD(HIROSE)는 살아있는 박테리아 제제이다. 팔루다리움 내에 적정량을 분무하면 박테리아 작용으로 곰팡이 억제에 도움을 준다.

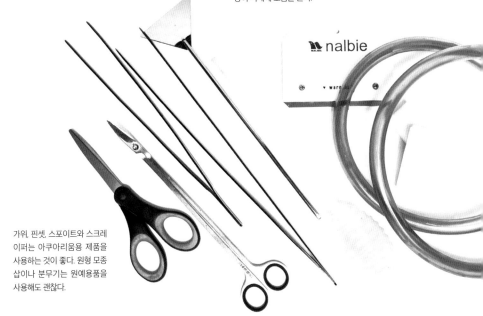

가위, 핀셋 스포이트와 스크레이퍼는 아쿠아리움용 제품을 사용하는 것이 좋다. 원형 모종삽이나 분무기는 원예용품을 사용해도 괜찮다.

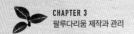
Think about paludarium layout

레이아웃 이해하기

팔루다리움에 흥미가 생겨 막상 만들어 보려고 해도 어디서 아이디어를 얻어, 어떻게 시작해야 할지 초보자에게는 막막한 일투성이다. 우선 팔루다리움의 레이아웃 개념에 관하여 알기 쉽게 설명해보려 한다. 키워드는 '아름다움'에 대한 이해이다.

Text 히로세 야스하루

팔루다리움이나 아쿠아리움의 수조 레이아웃을 꾸밀 때 내가 가장 중요하게 생각하는 것은 바로 제작 목적이다. 집 거실의 장식용인지, 판매하려는 것인지, 타인에게 평가를 받으려는 이유(콘테스트 출품 또는 전시회)인지, 미디어에 실을 용도인지, 그 목적에 따라 제작 방식이나 내용이 크게 달라진다.

더 나은 레이아웃을 위해 필요한 몇 가지 조건을 떠올려 보면 다음과 같다.

❶ 아름다울 것

❷ 오랜 시간 지켜봐도 질리지 않을 것

❸ 장기간 유지하기 쉬울 것(수조 내 생물이 오래 살 수 있고 관리하기도 쉬워야 한다)

❹ 보는 것만으로 마음이 편안해지고, 치유될 수 있을 것

가장 중요한 조건은 바로 아름다움이다. 취미로 수조를 꾸미는 일이 이렇게 세상에 알려지게 된 이유 역시 전적으로 '아름다움' 때문이라고 생각한다. 보기 좋게 레이아웃을 꾸미는 일은 모든 크리에이터의 공통된 목적이라고 해도 지나치지 않을 것이다. 그렇다면 도대체 어떤 상태를 '아름답다'라고 말할 수 있을까?

선(禪)의 철학적 사상 가운데 "세상 모든 만물과 사건은 있는 그대로 존재하며 그 자체에 의미는 없다"라는 가르침이 있다. 즉 자연이란 단지 거기에 있을 뿐 아름다움은 지니지 않은 존재이며, 미(美)에 대한 판단 기준은 인간의 가치관에 불과하다는 의미를 담고 있다.

그렇다면 아름다움에 대한 가치관은 어떻게 사람 안에서 형성될까? 아마도 학습과 교육 때문에 생겨나지 않았을까. 태어나서 지금까지 사람이 보고 들으며 얻은 아름다움에 대한 막대한 정보가 쌓여서 만들어 낸, 말하자면 사람의 뇌에 존재하는 독자적인 필터가 아름다움에 대한 기준을 판별한다. 사람에 따라 뇌에 축적된 정보의 질이

다르므로 당연히 아름다움에 대한 기준도 다 다르다.

따라서 아름다움을 결정짓는 정답은 없다. 만드는 사람의 수만큼 해답이 존재한다. 즉 표현에는 무한한 가능성이 있다는 말이다. 따라서 앞으로 팔루다리움을 제작하려는 사람은 '자신에게 아름다운 작품이란 어떤 것인가'를 제일 먼저 고민해봐야 한다.

또 타인에게 인정받는 작품을 만들고 싶다면 보다 많은 사람이 아름답다고 생각하는 공통된 기준이 무엇인지를 알아야 한다.

그렇다면 어떻게 하면 아름다운 레이아웃을 꾸밀 수 있을까?

가장 간단한 방법은 따라 해보는 것이다. 기존 작품들을 찾아보고 아름답다고 느낀 수조 레이아웃을 골라 그대로 흉내 내어 보자. 인류의 모든 지혜와 기술은 선인이 쌓아온 창조물을 '모방하여 축적한 것'에 불과하다. 모방의 장점은 어떤 이론 없이도 가능

하다는 점이다. 이때 주의할 사항은 개성을 살리려고 하지 말고 '있는 그대로 똑같이' 흉내 내야 한다는 점이다.

모방에는 자연의 어느 한 부분을 떼어낸 후 플레이밍(틀에 맞추어 잘라내는 것)하여 수조 안에 고스란히 표현하는 방법과 팔루다리움 작품에만 국한되지 않고 일반적으로 아름답다고 일컫는 풍경 사진이나 그림을 자신만의 방식으로 재현하는 방법이 있다.

한발 더 나아가 독창적인 작품을 만들 때는 생화나 그림처럼 팔루다리움이나 아쿠아리움 이외의 자연을 표현하는 예술 분야를 도입하여 구성해보는 것도 좋다. 특히 꽃 꽂이는 일반적으로 구도의 기초를 익힐 수 있는 가장 효과적인 방법으로 알려져 있다. 자신뿐만 아니라 타인으로부터 좋은 평가를 받고 싶다면 더 많은 사람이 아름답다고 생각하는 다양한 분야의 예술적 요소를 도입하여 작품의 완성도를 높여야 한다.

아름다운 레이아웃을 구성할 때 고려해야 할 구체적인 요소로는 원근감, 상하좌우의 밸런스(대칭이 아닌 비대칭), 입체감(음영), 전체적인 통일감, 색채의 조화와 변환, 단조로움을 피하기 위한 변화, 사실적인 표현 또는 추상적인 표현 등이 있다. 실제 레이아웃은 다양한 소재와 식물의 특성을 살리면서 이런 여러 가지 요소들을 고려하여 구성한다.

또 레이아웃 구성의 초기 단계에서 가장 중요한 것은 풍경의 크기를 결정하는 일이다. 구체적으로 설명하자면, 표현하려는 자연 경관을 실제 비율 그대로 용기 안에 표현할 것인지, 아니면 산과 폭포, 강이 있는 넓은 풍경을 축소하여 추상적으로 표현할 것인지를 선택해야 한다.

예를 들어 어떤 식물의 잎이 있을 때 전자의 경우 잎은 그저 잎일 뿐이다. 그러나 후자의 경우 잎은 덤불이나 숲으로 나타낼 수 있다. 레이아웃의 구성물을 추상적으로 '비유'하여 더 큰 풍경을 표현할 수 있다. 이는 식물뿐만 아니라 유목이나 돌과 같은 다른 소재도 마찬가지다. 그런데 이 두 가지 개념이 꼭 명확히 구분되는 것은 아니다. 적절하게 나누어 활용하면 표현의 폭을 한층 넓힐 수 있다.

팔루다리움이나 아쿠아리움 전반에 해당하는 사항이지만, 살아있는 식물을 사용하여 표현할 때는 활용하는 식물의 특성을 제대로 이해해야 한다. 그림 도구인 물감은 시간이 지나도 크게 바뀌지 않지만, 식물은 매일 조금씩 변화하고 잘못 관리하면 시들어 버리기도 한다. 식물이 성장하면 잎 크기나 풀 길이도 자라기 때문에 정기적으로 꼼꼼하게 관리해야 한다. 그러기 위해서는 제작 후의 상황도 충분히 고려할 필요가 있다. 식물이 자라는 모습을 상상하고, 그 성장을 즐길 수 있도록 아름답게 꾸미는 레이아웃이 가장 이상적이다.

팔루다리움에 흥미가 생겨 직접 만들어보려다가도 너무 어려워 보이거나 결국 실패할 거라는 생각에 망설이는 분들을 자주 보게 된다. 하지만 나는 키우던 식물이 말라 죽는 경험 한 번 겪지 않은 사람이라면 결코 좋은 작품을 만들 수 없다고 생각한다. 어떤 분야든 마찬가지지만 아무리 해박한 지식을 가졌더라도 처음부터 모든 것을 잘 해낼 수는 없다. 실제로 도전하여 경험을 쌓다 보면 결국에는 감각적인 요소가 중요하다는 사실을 알게 되고, 실패를 통해 배우게 되는 교훈이 많다는 깨달음도 얻게 된다. 실력을 키우려면 무조건 시도해보자. 게다가 실패 없이 실력은 향상되지 않는다는 사실도 기억해둬야 한다.

아름다운 팔루다리움을 직접 만들어 보자!

레이아웃 포인트

● 용기의 크기와 형태를 결정한다. 가로형 수조라면 넓은 공간감을 느낄 수 있는 작품을, 세로형 수조라면 높낮이 차를 살린 레이아웃을 꾸미기에 좋다.

● 메인이 될 식물과 서브로 활용할 식물의 종류를 정한다.

● 유목이나 돌 중에서 어떤 소재를 사용하여 레이아웃을 꾸밀 것인지 결정한다.

● 구도를 정한다(오른쪽 그림 참조).

● 흙은 뒤쪽으로 갈수록 높게 쌓아 높이에 변화를 준다.

● 유목은 되도록 수직이나 수평이 되지 않도록 배치한다. 기준점을 정하고 사방을 향해 퍼지는 느낌으로 배치한다.

● 공간을 확보한다.

● 돌이나 식물 같은 소재는 앞쪽에 크기가 큰 것을, 뒤쪽에 작은 것을 배치해야 원근감이 살아난다.

● 그늘이 지는 부분을 만든다(식물을 심지 않는 구역을 정한다).

● 유목이나 돌을 조합하여 사용할 때는 형태를 반전시켜 배경 실루엣도 염두에 둔다.

● 식물의 성장을 고려하여 배치한다.

● 메인 식물과 서브 식물의 위치가 수평이나 수직이 되지 않도록 주의한다(세 가지 종류의 식물이 있다면 정삼각형이 아니라 세 변의 길이가 모두 다른 부등변삼각형이 되도록 위치를 조정한다).

● 돌이나 유목 사이에 식물을 심으면 더욱 자연스럽게 느껴진다.

● 식물 뿌리 부분이 되도록 보이지 않도록 포복성 식물이나 이끼를 활용하여 덮어준다.

● 녹색의 농담이나 톤, 그리고 잎의 모양이 서로 다른 식물을 활용하여 변화를 준다.

● 붉은색 잎이 달린 식물을 효과적으로 이용한다.

● 이끼는 전체적으로 심지 않고 공간을 확보한다.

● 레이아웃을 꾸밀 때에는 가끔 정면에서 바라보며 확인한다. 사진을 찍어 객관적인 시각에서 확인해보는 것이 좋다.

정면에서 수조를 바라보고 가로세로 모두 삼등분하여 구도를 정하는 것이 좋다. 세로형 수조 역시 마찬가지다.

골짜기형, 산형, 경사형 등 다양하게 구성할 수 있다.

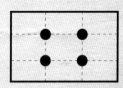

삼등분한 라인이 교차하는 위치에 메인 식물을 심으면 전체적인 균형을 맞추기 쉽다.

작은 유리병부터
시작해보자

처음에는 작은 원통형 유리병을 사용하여 식물 키우기에 도전해보자!
천연 소재의 사용법이나 식물을 심는 방법, 기본 관리에 대해 알아보자.

Creator 히로세 요시타카

재료
- 뚜껑 있는 원통형 유리병
- 유목
- 돌
- 아쿠아 소일/노멀
- 아쿠아 소일/파우더
- 각종 식물

01 뚜껑 있는 유리병을 준비한다.

02 테라리움 소일을 바닥에서 1~2 cm 정도 되도록 붓는다.

03 알맞은 크기의 유목을 집어넣는 다. 이번 작품에서는 용기 왼쪽 뒤 편에 넣어주었다.

04 유목의 오른쪽 앞쪽에 돌을 넣는 다. 식물을 심을 중앙 부분은 비워 둔다.

05 파우더 타입의 테라리움 소일을 2~3cm 정도 넣는다. 뒤쪽이 높 은 경사를 만들면 입체감이 살아 난다.

06 전체적으로 촉촉해지게 물을 뿌 려준다. 정제수 또는 광물질이 낮 게 함유된 연수를 사용하면 물때 가 끼지 않아 편리하다.

07 핀셋으로 메인 식물인 베고니아 네그로센시스를 중앙에 심는다.

08 유목 뒤편에 네프롤레피스를 심 어 식물이 고개를 내민 것처럼 연 출하고 앞쪽에는 피커스 푸밀라 '미니마'를 배치한다.

09 돌 주변과 식물 뿌리 근처에는 흰 털이끼를 식재한다. 핀셋을 이용 하여 조금씩 심는다.

10 유목에 실크이끼를 붙인다. 시간 이 지나면 저절로 착생하기 때문 에 물기를 적신 이끼를 유목 위에 얹어 두기만 해도 상관없다.

11 전체적인 균형과 조화를 확인하 고 가볍게 물을 뿌려준 후 뚜껑을 닫으면 완성이다.

소형 LED 라이트를 사용하거나 커튼 너 머 밝은 창가에 두고 관리한다.

paludarium
process NO. **02**

30cm 큐브 수조
뒷면을 활용한 경관 만들기

가로 길이가 30cm 이상인 수조를 사용할 때는 고민할 필요
없이 다양한 레이아웃을 시도해볼 수 있다. 이번에는 후경에
중점을 둔 팔루다리움을 만들어 보자.

Creator 히로세 요시타카

재료
- 30cm 큐브 수조
- LED 라이트
- 각종 유목 ● 화산석
- 아쿠아 소일/노멀(아쿠아플랜츠
  소일)
- 식물 식재용 스펀지(우에레루군)
- 조형재(조형군)
- 각종 식물

01 가로, 세로, 높이가 모두 30cm로
동일한 큐브 수조를 준비한다.

02 이번 작품의 토대로 사용할 유목
은 크기와 경관 이미지에 어울리
는 것으로 고른다.

03 식물 식재용 스펀지(우에레루군)를
뒷면에 붙인다. 수조 크기에 맞게
자른 후 오른쪽 아랫부분은 떼어
낸다.

04 조형재(조형군)에 물을 더해 잘 반
죽한 것을 아래에서 위 방향으로
붙인다.

05 빈 공간 틈에도 정성스럽게 조형
재를 바른다.

06 조형재를 쌓아 올리는 느낌으로
붙여 가며 불규칙한 요철을 만들
어 주면 자연스러운 입체감이 살
아난다.

07 유목을 배치한다. 뒤쪽 공간을 막지 않도록 왼쪽 뒤편에서 오른쪽 앞으로 방향을 잡는다.

08 아쿠아플랜츠 소일을 깐다. 식물을 심을 수 있도록 3cm 이상의 높이로 빈틈없이 깔아준다.

09 수조 안쪽의 높이가 높아지도록 소일을 정리하여 경사를 만든다. 왼쪽 유목은 흙이 무너져 내리는 것을 방지하는 제방 역할이다.

10 토대의 균형을 확인하면서 화산석을 놓는다.

11 화산석을 배치한 후의 모습이다. 수조 정면에서 확인하며 깊이감이 느껴지도록 위치를 조절한다.

12 분무기를 이용하여 전체적으로 물을 뿌린다. 소일도 물기를 머금을 수 있게 바닥에도 분무한다. 다만 물이 고이지는 않도록 주의한다.

13 시트 형태로 퍼져 있는 실크이끼를 적당한 크기로 떼어 내어 뒷면 조형재 위에 얹는다.

14 지층처럼 보이도록 울퉁불퉁한 요철을 살리면 이끼를 심었을 때 훨씬 자연스러워 보인다.

15 실크이끼를 유목이나 화산석 위에도 올려 준다. 습도가 높으면 저절로 활착한다.

16 소형 가지 유목을 곳곳에 배치한다. 유목의 굴곡에 따라 형태를 잡아준다.

17 시선을 끄는 중앙 공간 역시 소형 가지 유목으로 나무뿌리가 노출된 듯한 모습을 연출한다.

18 잔가지 유목을 모두 배치한 후의 모습이다. 내추럴한 분위기의 레이아웃 토대가 완성되었다.

19 기본적으로 벽면 아랫부분에서 위쪽으로 식물을 심는다. 먼저 네오레겔리아 '팔마레스'를 심는다.

20 네오레겔리아의 사선 윗쪽에 크립탄서스 비비타투스를 배치한다.

21 덩굴성 식물인 펠리오니아 펄크라를 오른쪽 위쪽에 식재한다.

22 피커스 푸밀라 '미니마'와 네프롤레피스처럼 모양과 색상이 서로 다른 식물을 골라 조화롭게 심는다.

23 네오레겔리아 앞에는 프테리스 '트라이컬러'와 마르크그라비아 움벨라타를 배치한다.

24 디네마 폴리불본 뿌리를 케토흙으로 감싼 후 중앙에 놓은 유목 틈에 심는다.

25 앞 공간에는 흰털이끼를 올려놓는다.

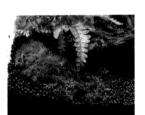

26 흰털이끼 앞쪽으로 실크이끼를 배치한다. 공간은 그대로 남겨두는 것이 오히려 자연스러워 보인다.

27 마지막으로 물을 뿌려준 후 뚜껑을 덮는다.

아쿠아리움용 LED 라이트를 설치하고 하루 10시간 정도 빛을 비추어 준다.

재료
- 60cm 수조
- 저면 필터
- 수중 펌프
- 라이트
- 각종 유목
- 화산석
- 아쿠아 소일(볼카미아)
- 식재포(활착군)
- 조형재(조형군)
- 실리콘
- 각종 식물 등

paludarium
process NO. **03**

작은 폭포가 흐르는 물가 풍경 꾸미기

식물이 자라는 물가 풍경을 수조 안에 그대로 담아 보자.
이번 작품에서는 물줄기가 흐르는 방향을 고려하여 레이아웃을
꾸미는 전문가의 테크닉을 엿볼 수 있다.

Creator 히로세 야스하루

01 가로 60cm, 세로 30cm, 높이 36cm의 규격 수조를 준비한다.

02 저면 필터와 수중 펌프를 설치한다. 펌프는 눈에 잘 띄지 않는 브랜치 튜브로 연결한다.

03 커다란 유목을 원하는 크기로 자른 후 여러 개를 연결한다.

04 유목을 연결할 때는 먼저 전동 드릴로 구멍을 뚫고 나사로 고정한다.

05 폭포가 흐를 물길이 완성되었다. 왼쪽 위에서 물이 흘러 굴곡을 그리며 왼쪽 아래로 떨어지도록 설계했다.

06 폭포 반대쪽에는 제방 역할을 할 유목을 준비한다.

07 수조 안에 준비해둔 유목을 설치한다. 오른쪽의 커다란 산이 앞쪽에, 왼쪽의 작은 산이 뒤쪽에 오도록 배치한다.

08 물이 나올 브랜치 튜브를 초소형 나사로 유목에 고정한다.

09 물이 흐를 부분을 잘라낸 후 뒤쪽으로 물이 새지 않도록 비스듬하게 자른다.

10 물이 흐르는 방향을 조절하기 위해 작은 유목 조각을 고정한다.

11 물이 흐르는 부분의 틈새를 어두운 갈색 실리콘으로 메운다.

12 유목을 자를 때 나온 톱밥을 아직 굳지 않은 실리콘 위에 뿌려주면 자연스러운 느낌이 한층 살아난다.

13 바닥에 5cm 정도 두께가 되도록 볼카미아를 깐다. 약간 두툼하게 깔아야 물의 정화작용이 더욱 활성화된다.

14 앞쪽은 화산석으로 장식한다. 여러 개의 화산석을 사용하여 원근감이 느껴지도록 배치한다.

15
유목과 돌의 배치는 마무리되었지만, 아직 팔루다리움의 전체적인 윤곽은 드러나지 않았다.

16 물을 넣는다. 흙이 파이거나 먼지가 날리지 않도록 바닥에 깐 소일 위에 비닐을 덮은 후 물을 붓는다.

17 물을 다 넣었으면 수중 펌프의 스위치를 켜서 물의 흐름을 확인한다. 재조정이 필요할 수도 있다.

18 식물을 심기 위해 비워둔 왼쪽 용토는 물에 잠기지 않도록 한다. 먼저 작은 화산석으로 수조 안쪽을 채운다.

19 화산석 위에 식재포(활착군)를 깐다. 식물 식재용이 아니라 용토가 흘러내리는 것을 막아주는 역할을 한다.

20 활착군 위에 조형재(조형군)를 얹는다. 요철을 만들어 자연스러운 분위기를 연출한다.

21
조형재를 이용하여 왼쪽에는 높은 비탈을 만들고, 여러 가지 식물을 심을 공간을 마련한다.

22 가지 유목을 이용하여 자연스러운 느낌이 살아나도록 꾸민다.

23 좌우 양쪽에 놓인 섬에서 여러 개의 가지 유목이 뻗어 나온 것처럼 배치한다.

24 물이 흐를 부분에는 길게 잘라둔 식재포(활착군)를 붙여 새로운 물길을 만든다.

25 길게 잘라 붙인 활착군 위에 실크 이끼를 깐다.

26 전체적으로 이끼를 배치한다. 실크이끼 외에 흰털이끼도 사용한다.

27 피커스 바치니오이데스를 오른쪽 윗부분에 심는다. 뿌리를 활착군으로 감싼 후 심는 것이 좋다.

28 이끼 위에는 다발리아 페지엔시스와 펠리오니아 펄크라를 식재한다.

29 물가에는 수변 식물인 털좁쌀풀과 무늬석창포를 심는다.

30 피커스 푸밀라 '미니마'를 배치한다. U자 형태로 구부린 철사를 꽂아 줄기를 고정한다.

31 녹색 식물들이 조금씩 늘어가며 자연적인 지형의 모습으로 바뀌어 간다.

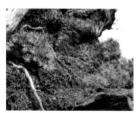

32 잔가지 유목을 곳곳에 꽂아 자연 그대로의 풍경을 연출한다.

33 왼쪽 중앙에는 잎 모양이 아름다운 에피스시아를 심는다.

34 물속에도 수초 헤테란테라와 피그미체인 사지타리아를 심어 녹색의 싱그러움을 더한다.

35 식물 심기도 모두 완료하였다. 시간이 지나면 녹색 식물이 더욱 우거지는 모습을 즐길 수 있을 것이다.

36 물속에는 골든 백운산도 넣어 주었다. 이번 팔루다리움에는 튀지 않는 차분한 색조의 관상어를 선택하였다.

수조에는 전용 유리 뚜껑을 달고 LED 라이트를 설치하였다.

물이 떨어지는 폭포를 바라보면 웅장한 대자연이 느껴지기도 하고, 실제 자연 일부분을 떼어 온 것처럼 보이기도 한다. 물이 흐르는 모습은 아무리 봐도 싫증 나지 않는다. 졸졸 흐르는 시냇물 소리에 마음도 편안해진다.

MAINTENANCE
팔루다리움 기본 관리

01 물 주기

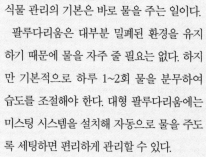

식물 관리의 기본은 바로 물을 주는 일이다. 팔루다리움은 대부분 밀폐된 환경을 유지하기 때문에 물을 자주 줄 필요는 없다. 하지만 기본적으로 하루 1~2회 물을 분무하여 습도를 조절해야 한다. 대형 팔루다리움에는 미스팅 시스템을 설치해 자동으로 물을 주도록 세팅하면 편리하게 관리할 수 있다.

용토는 지속적으로 젖은 상태를 유지해도 상관없지만, 물이 바닥에 고여 있으면 문제가 발생할 수 있다. 일반 소일에서는 잡균이 번식하여 뿌리가 썩기 쉽다. 팔루다리움 전용 케이스에는 바닥에 고인 물을 빼내는 배수구가 대부분 달려 있어서 필요 없는 물은 쉽게 배출할 수 있다. 배수가 되지 않는 용기를 사용할 때는 바닥에 물이 고이지 않도록 주의하며 물을 준다. 기본 용토 밑에 하이드로볼이나 경석을 깔고, 뿌리가 썩는 것을 방지하는 약품을 적정량 넣어두면 안심할 수 있다.

02 비료

팔루다리움에는 풍부한 영양소를 필요로 하는 식물보다 수분과 빛만으로도 건강하게 잘 자라는 유형의 식물을 주로 키운다. 따라서 용토에 미리 밑거름을 줄 필요가 없다.

하지만 장기간 키우다 보면 성장 속도가 둔해지고 잎 색깔이 바래기도 한다. 이런 경우에는 관엽식물용 액체 비료를 정해진 농도로 희석하여 분무하는 것이 좋다. 다만 비료를 과다하게 주면 녹조가 발생할 수 있으니 주의한다. 비료는 식물의 상태를 관찰하면서 조금씩 추가하자.

또 뿌리가 썩는 것을 방지하고 수질 정화 효과가 있다는 규산염 백토(밀리언 A 등)에는 미네랄 성분이 함유되어 있어 비료의 기능을 하기도 한다. 따라서 비료처럼 식물의 성장을 촉진하기 위해 팔루다리움 식물에도 활용할 수 있다.

03 가지치기

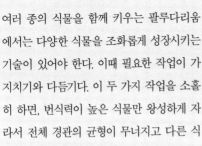

여러 종의 식물을 함께 키우는 팔루다리움에서는 다양한 식물을 조화롭게 성장시키는 기술이 있어야 한다. 이때 필요한 작업이 가지치기와 다듬기다. 이 두 가지 작업을 소홀히 하면, 번식력이 높은 식물만 왕성하게 자라서 전체 경관의 균형이 무너지고 다른 식물의 성장을 방해할 수 있다.

양치식물처럼 뿌리에서 줄기를 뻗는 식물은 잎이 너무 무성해지면 뿌리 주변 잎을 적당히 잘라준다. 주 줄기가 곧게 자라는 식물은 키우고 싶은 곁눈 바로 위를 잘라주면 그 옆에서 새잎이 자란다. 주로 줄기가 길게 늘어진 부분을 골라 잘라주면 된다. 가지치기로 새로운 자극을 받아 활력을 얻은 식물은 선명한 색을 띠는 새잎을 낼 것이다. 또 자주 다듬어 주면, 잎이 지나치게 커지지 않고 작은 크기 그대로 유지되는 식물들도 여러 품종이 있다. 상태를 살피며 꾸준히 손질해주면, 내가 원하는 이상적인 모습의 식물 그대로 키울 수 있을 것이다.

04 개체 수 늘리기

개체 수를 늘리려면 포기나누기와 꺾꽂이가 있다. 포기나누기는 여러 개의 싹이나 새끼구(자구)가 달린 그루를 뿌리째 갈라 나누어 옮겨 심는 것이다. 뿌리, 줄기, 잎이 모두 붙어 있어 개체 수를 확실히 늘릴 수 있다. 브로멜리아드와 스파티필룸, 네프롤레피스 등 다양한 식물에 이용된다. 탱크 브로멜리아드 식물이라면 개화 후 나오는 여러 개의 새끼구를 바로 자르지 않고 어미 개체 절반 정도의 크기로 자랐을 때 분리해서 옮겨 심는 편이 더 효과적이다. 꺾꽂이는 잎이 달린 줄기나 가지를 잘라 흙에 심어 뿌리를 내리게 하는 방식으로 한 번에 많은 개체를 얻을 수 있다. 꺾꽂이용 토양으로는 버미큘라이트, 적옥토, 녹소토처럼 보습력이 뛰어나고 배수가 잘되며 비료 성분이 없는 용토를 사용한다. 꺾꽂이한 후 마르지 않도록 주의하며 그늘에서 관리한다. 1주일에서 1개월 정도 지나면 새 뿌리가 나온다. 이끼는 잘게 잘라 흙에 뿌린 후 마르지 않도록 관리하면 새싹이 돋아난다.

MAINTENANCE
팔루다리움 기본 관리

리뉴얼 방법 Creator 히로세 야스하루

잘 자라는 식물을 바라보는 것처럼 행복한 일도 없지만, 식물이 지나치게 성장하면 전체적인 균형이 깨지고 보기에도 좋지 않다. 시간이 지나 너무 많이 자랐다면 대폭적인 가지치기와 다듬기 작업을 통해 과감하게 리뉴얼해보자.

이번에는 약 2년 전에 제작한 팔루다리움을 예로 들어 실제 리뉴얼 작업 과정을 소개하려고 한다. 길게 뻗은 덩굴을 자르고 마른 잎과 잡초를 제거한 후 소일을 교체하여 새롭게 단장한 팔루다리움이 완성되었다.

제작 후 2년이 지난 팔루다리움(렙테리어 클리어네오 250 High/GEX). 한때는 오스트레일리아 청개구리 두 마리도 함께 키웠다. 덩굴 식물이 지나치게 자랐고 바닥에는 녹조가 번식하였다.

01 너무 길게 자란 덩굴성 식물 피커스는 손으로 살짝 잡아 뿌리 부근에서 잘라낸다.

02 줄기가 갈라져 길게 자란 피토니아는 어미 개체만 남기고 자른다.

03 피커스 푸밀라 '미니마'를 비롯한 식물들은 남길 줄기만 빼고 잘라낸다.

04 덩굴 식물들을 정리했더니 그 속에서 탱크 브로멜리아드 식물이 모습을 드러냈다.

05 바닥에 떨어진 마른 풀도 깔끔하게 걷어 낸다.

06 옅은 갈색으로 시든 이끼도 핀셋으로 제거한다.

07 바닥에 심었던 프테리스도 뿌리째 뽑는다.

08 식물 정리를 마쳤다면 위에서 물을 충분히 분무한다.

09 더러워진 유리 벽도 스펀지로 깨끗하게 닦아낸다.

MAINTENANCE
팔루다리움 기본 관리

10 먼지가 묻은 브로멜리아드 잎도 스펀지를 이용해 닦아준다.

11 수조 위쪽에서 물을 뿌려 오염을 제거한다.

12 바닥에 물이 고이면 호스를 사용하여 소일과 함께 빼낸다. 호스 안에 미리 물을 채워 두면 더 쉽게 빨아들일 수 있다.

13 앞쪽 소일을 모두 제거하고 수조 유리면까지 깔끔하게 닦는다.

14 새 소일(볼카미아D)을 넣는다. 볼카미아는 수분 정화 능력이 뛰어난 소일로 팔루다리움에 효과적이다.

15 앞쪽은 낮게, 뒤편은 높게 소일을 깔아 레이아웃의 입체감을 살린다.

16 자르거나 뽑아 놓은 식물들을 깔끔하게 정리하여 재사용한다.

17 프테리스 뿌리를 핀셋으로 잡아 수조 옆면에 채워 넣듯이 심는다.

18 잘라놓은 피토니아를 다시 심는다.

19 앞쪽에 화산석을 놓아 자연미를 살린다.

20 유리에 붙은 물때는 전용 스크레이퍼로 긁어낸다.

21 전체적으로 물을 분무해주면 완성이다.

리뉴얼을 마친 팔루다리움. 바닥 소일을 교체했을 뿐인데 완전히 새로운 느낌의 팔루다리움이 완성되었다. 여러 식물도 생기를 되찾아 본래의 아름다운 모습으로 돌아왔다.

SHOP GUIDE

HIROSE PET 야쓰본점
(ヒロセペット谷津本店)

창업 50년이 넘는 역사를 자랑하는 아쿠아리움 숍의 본점으로 다양한 열대어와 수초를 갖추고, 볼카미아를 비롯한 오리지널 상품을 다양하게 취급하고 있다. 이 책의 감수를 담당한 히로세 요시타카가 크리에이터 매니저를 맡아 다양한 팔루다리움 작품을 전시 및 판매한다. 2층에는 아쿠아리움 갤러리가 개설되어 운영 중이며 요시타카가 만든 전문적인 아쿠아리움과 팔루다리움을 감상할 수 있다. 또한 정기적으로 워크숍도 개최한다.

지바현 나라시노시 야쓰4-8-48
영업시간 11:00~19:00
정기 휴일 없음
https://hirose-pet.com

지바현 산부군 시바야마마치 오사토18-46
영업시간 12:00~19:00(평일),
11:00~19:00(주말과 공휴일)
정기 휴일 수, 목요일

HIROSE PET
나리타 공항점
(ヒロセペット 成田空港店)

이 책의 공동 감수자인 히로세 야스하루가 오너인 매장으로, 본점과 마찬가지로 다양한 오리지널 상품을 갖추고 있다. 또한 팔루다리움의 보급을 위해 여러 방면에서 힘을 쏟고 있다. 크고 작은 다양한 팔루다리움이 전시되어 있을 뿐만 아니라, 오랫동안 정성스럽게 만들어 온 아쿠아테라리움 작품도 만날 수 있다. 가로세로 길이가 각각 2m나 되는 거대한 아쿠아테라리움처럼 놀라운 작품도 감상할 수 있다. 또 유목과 돌 같은 천연 소재도 다양하게 구비되어 있다.

PICUTA (ピクタ)

테라리움과 팔루다리움에 적합한 식물을 직접 생산하며, 여러 가지 소형 식물을 판매하고 있다. 또 조형군이나 활착군, 우에레루군 등 레이아웃 제작에 꼭 필요한 고유 상품 개발에도 힘쓰는 브랜드로 널리 알려져 있다.

https://shop.picuta.com

ZERO PLANTS (ゼロプランツ)

다채로운 정글 식물을 취급하는 온라인 숍이다. 최근에는 '제로니아'라는 베고니아 오리지널 교배종을 발표하여 화제를 모았고, 앞으로도 새로운 식물 교배종의 탄생을 위해 힘쓰겠다는 목표를 가지고 있다. 팔루다리움 제작에 필요한 미스팅 시스템 '포레스터'와 유리 케이지 'JUBAKO'도 판매하고 있다.

https://www.zeroplants.com

도자쿠원예 (杜若園芸)

교토에 생산 거점을 둔 수생 식물 전문점이다. 수련과 연꽃 생산에 힘쓰고 있으며 아쿠아리움이나 비오톱과 팔루다리움에 활용할 수 있는 다양한 식물도 취급한다.

https://www.akb.jp
생산직매점 교토부 조요시 데라다니와이108-1

HIRO'S PITCHER PLANTS
(ヒーローズピッチャープランツ)

식충 식물 전문 업체로 다양한 품종을 취급한다. 특히 네펜테스의 생산에 주력하여 오리지널 교배종도 다양하게 개발하였다. 희귀 고산 식물도 다채롭게 갖추어져 있다.

홈페이지 https://www.hiros-pp.com   야후 온라인 매장 https://store.shopping.yahoo.co.jp/hiros-pitcherplants
야후 오프라인 매장 https://auctions.yahoo.co.jp/seller/hiros_pp